计算机信息安全与人工智能应用研究

张　浩　著

哈爾濱工業大學出版社
HITP
HARBIN INSTITUTE OF TECHNOLOGY PRESS

图书在版编目(CIP)数据

计算机信息安全与人工智能应用研究/张浩著.--
哈尔滨:哈尔滨工业大学出版社,2023.6
ISBN 978-7-5767-0670-3

Ⅰ.①计... Ⅱ.①张... Ⅲ.①电子计算机-信息安全-安全技术-研究②人工智能-研究 Ⅳ.①TP393.08②TP18

中国国家版本馆CIP数据核字(2023)第032538号

策划编辑 刘 瑶
责任编辑 刘 瑶
封面设计 豫燕川
出版发行 哈尔滨工业大学出版社
社 址 哈尔滨市南岗区复华四道街10号 邮编 150006
传 真 0451-86414749
网 址 http://hitpress.hit.edu.cn
印 刷 北京银翔印刷有限公司
开 本 787mm×1092mm 1/16 印张 11 字数 227千字
版 次 2023年6月第1版 2023年6月第1次印刷
书 号 ISBN 978-7-5767-0670-3
定 价 48.00元

前言

计算机信息安全是一门涉及计算机科学、网络技术、通信技术、密码学技术、信息安全技术等多种学科的综合性学科。计算机信息安全是指网络系统的硬件、软件及其系统中的数据受到保护，不因偶然的或者恶意的原因遭到破坏、更改、泄露，确保系统能连续正常地运行，网络服务不中断。网络安全从其本质上来讲就是网络上的信息安全。从广义来说，凡是涉及网络上信息的保密性、完整性、可用性、真实性和可控性的相关技术与理论都是网络安全的研究领域。

人工智能是计算机科学中涉及研究、设计和应用智能机器的一个分支，是一门研究机器智能的学科，作为一门前沿交叉学科，它的研究领域十分广泛。人工智能的远期目标是揭示人类智能的根本机理，用智能机器去模拟、延伸和扩展人类的智能。人工智能涉及脑科学、认知科学、计算机科学、系统科学、控制论等多种学科，并依赖于它们共同发展。目前，人工智能仍处于发展时期，很多问题解决得还不够好，甚至无法求解，很多问题的求解还需要一定的条件。当前，世界各国都十分重视对人工智能的研究，投入了大量的人力、物力和财力，激烈争夺这一高新技术的制高点。人工智能给全社会尤其是自动化、机器人领域带来了极大的发展机遇。

本书从计算机信息安全入手，阐明了人工智能的技术和典型应用场景，使读者能够深度学习人工智能的重点技术和平台工具，并能够深入了解人工智能技术的实际应用。具体包括计算机信息安全概述、计算机网络安全体系结构、计算机系统安全防护技术、计算机其他安全技术、人工智能与智能信息处理技术，以及人工智能在城市建设中的应用。本书论述严谨，条理清晰，内容丰富、新颖，是一本值得学习研究的著作。

在撰写本书的过程中，作者查阅和借鉴了大量的相关资料，在此向其作者表示诚挚的感谢。此外，本书也得到了相关专家和同行的支持与帮助，在此一并致谢。

由于作者水平有限，加之时间仓促，书中难免出现纰漏，敬请广大读者批评指正。

2023 年 4 月

作　者

目 录

第一章　计算机信息安全概述

随着因特网在全球的普及和发展，计算机网络成为信息的主要载体之一。计算机网络的全球互联趋势越来越明显，但与此同时，网络安全问题越发突出，受到越来越广泛的关注。计算机和网络系统不断受到侵害，侵害形式日益多样化，侵害手段和技术日趋先进、复杂化，令人防不胜防。一方面，计算机网络提供了丰富的资源以便用户共享；另一方面，资源共享度的提高也增加了网络受威胁和攻击的可能性。事实上，资源共享和网络安全是一对矛盾，随着资源共享的加强，网络安全问题也日益突出。计算机网络的安全已成为当今信息化建设的核心问题之一。

第一节　信息安全问题及其重要性

一、信息安全概述

信息技术范畴中的信息是指计算机中用文字、数值、图形、图像、音频和视频等多种类型的数据所表示的内容。网络环境下的信息系统由主机、链路和转发结点组成。信息包括由主机存储和处理的信息，如经过链路传输的信息、转发结点中等待转发的信息等。因此，网络环境下信息安全的内涵包括与保障网络环境下的信息系统中分布在主机、链路和转发结点中的信息不受威胁，没有危险、危害和损失相关的理论、技术、协议及标准等。网络环境下的信息安全也称网络安全。

（一）信息和信息安全

信息的表示方式和承载方式是不断变化的，因此，信息安全的目标和内涵也是不断变化的。目前，提供服务的信息系统主要是网络环境下的信息系统，因此，信息安全目标与内涵都是基于保障网络环境下的信息系统的服务功能定义的。

1. 信息

信息的定义多种多样，信息技术中的信息通常采用以下定义：信息是对客观世界中各种事物的运动状态和变化的反映，是客观事物之间相互联系和相互作用的表征，表现的是客观事物运动状态和变化的本质内容。

信息之所以重要，是因为它小到可以反映一个项目、一次活动的本质内容，如项目和活动计划、项目和活动实施过程等；大到可以反映一个企业、一个国家的本质内容，如企业核心技术、企业财务状况、国家核心机密等。这些本质内容事关项目、活动的成败，企业和国家的兴衰。

2. 数据

数据是记录信息的形式,可以用文字、数值、图形、图像、音频和视频等多种类型的数据表示信息。由于计算机采用二进制数表示各种类型的数据,因此,计算机采用二进制数表示信息。

3. 信号

信号(Signal)是数据的电气或电磁表现。信号可以是模拟的,也可以是数字的。模拟信号是指时间和幅度都是连续的信号;数字信号是指时间和幅度都是离散的信号。由于计算机统一用二进制数表示各种类型的数据,因此,在计算机网络中,信号其实是二进制位流的电气或电磁表现。

(二)信息安全发展过程

1. 物体承载信息阶段

(1)信息表示形式

早期用于承载信息的是物体,如纸张、绢等,将表示信息的文字、数值、图形等记录在纸张、绢等物体上。完成信息传输过程需要将承载信息的物体从一个物理位置运输到另一个物理位置。

(2)存在威胁

物体承载信息阶段,对信息的威胁主要有两种:一是窃取承载信息的物体;二是损坏承载信息的物体。

(3)安全措施

这个阶段的安全措施主要有物理安全和加密两种。物理安全用于保证记录物体在储存和运输过程中的信息不被窃取和毁坏。加密是使得信息不易读出和还原的操作过程。如果记录在物体上的信息是加密后的信息,即使获得记录信息的物体,也无法读出或还原加密前的信息,即原始信息。如斯巴达克人将羊皮螺旋形地缠在圆柱形棒上后再书写文字,书写文字后的羊皮即使落入敌方手中,如果不能将羊皮螺旋形地缠在相同直径的圆柱形棒上,也无法正确读出原始文字的内容。古罗马采用恺撒密码。恺撒密码将每一个字符用字符表中后退三个的字符代替,这种后退是循环的,字符 Z 后退一个的字符是 A。这样原文 GOOD MORNING,用恺撒密码加密后变为 JRRG PRUQLQJ,如果不知道恺撒密码的处理方法,即使得到文本 JRRG PRUQLQJ,也无法还原原文 GOOD MORNING。

2. 有线通信和无线通信阶段

(1)信息传输过程

首先对表示信息的文字、数值等数据进行编码;其次将编码转换成信号,经过有线和无线信道将信号从一个物理位置传播到另一个物理位置。也可以经过有线和无线信道直接将音频和视频信号从一个物理位置传播到另一个物理位置。

(2)存在的威胁

有线通信和无线通信阶段,信息最终转换成信号后经过有线和无线信道传播,而信号在传播过程中可能被侦听,因此,敌方可以侦听到经过有线和无线信道传播的信号,并通过侦听到的信号还原出信息。

(3)安全措施

为了防止敌方通过侦听信号获得信息,通信前,首先对表示信息的数据进行加密处理,再将加密后的数据转换成信号,这样,通过侦听信号获得的数据是加密处理后的数据。加密处理后的数据必须经过解密处理后,才能还原成表示信息的数据。解密处理是加密处理的逆处理。

表示信息的数据称为明文,加密处理后的数据称为密文,明文转换成密文的过程称为加密,加密涉及加密算法和加密密钥。将密文还原成明文的过程称为解密,解密涉及解密算法和解密密钥。通过密文得出解密算法和解密密钥的过程称为破译。破译难度取决于加密解密算法的复杂性和密钥的长度。为了提高破译的难度,需要增加加密解密算法的复杂性和密钥长度,但增加加密解密算法的复杂性和密钥长度势必增加加密与解密过程的运算量。

早期通过手工完成加密和解密数据的操作,由于信息传输的实时性要求,使得加密解密数据的运算过程不能太复杂,但用简单的加密算法和密钥生成的密文很容易被敌方破译。后期用机械完成加密解密操作,以此提高加密解密操作的复杂性,如 Enigma 密码机由于采用复杂的加密解密算法和较大长度的密钥,极大地提高了破译密文的难度。

3.计算机存储信息阶段

(1)存在威胁

计算机存储信息阶段,对信息的威胁主要有以下三种:一是窃取计算机或者窃取计算机中存储二进制数的介质;二是对计算机中存储的信息实现非法访问,非法访问是指一个没有授权读取和复制某类信息的人员非法从计算机中读取或复制了该类信息;三是病毒,病毒可以是一个完整的程序,或者是嵌入在某个程序中的一段代码,可以通过移动介质如 U 盘实现在计算机之间传播。计算机一旦执行病毒,病毒将删除存储在计算机中的信息。

(2)安全措施

这个阶段的信息安全措施主要包括物理安全、访问控制和病毒防御。物理安全用于保证无关人员无法物理接触计算机或计算机中用于存储信息的介质。

访问控制使得每位访问者只能从计算机中访问到授权他访问的信息。访问控制的核心是标识、授权和鉴别。标识是对每位访问者分配唯一的标识符。授权是对每位访问者设置访问权限,访问权限规定该访问者允许访问的计算机中的信息类型和操作类型,操作类型包括读、写、执行等。鉴别是指判断每位需要访问计算机信息的访问者的身份的过程。对标识符是 x 的访问者的访问控制过程如下:通过鉴别确定该访问者是 x,如果 x 要求对计算机中的 y 信息实施 z 操作,当且仅当对计算机授权允许 x 对计算机中的 y 信息实施 z 操作,计算机才能完成 x 要求的访问操作；否则，计算机拒绝 x 请求的访问操作并记录该次访问为非法访问事件。

病毒防御可以发现作为病毒的完整程序和嵌入了病毒的程序，并隔离或者删除这些程序。

4. 网络阶段

网络结构由主机、转发结点和链路组成，如图 1－1 所示。主机主要用于完成信息的采集、处理和存储。转发结点和链路构成端到端通信系统，用于实现两个主机之间的信息传输过程。显然，网络是计算机技术与通信技术的结合。

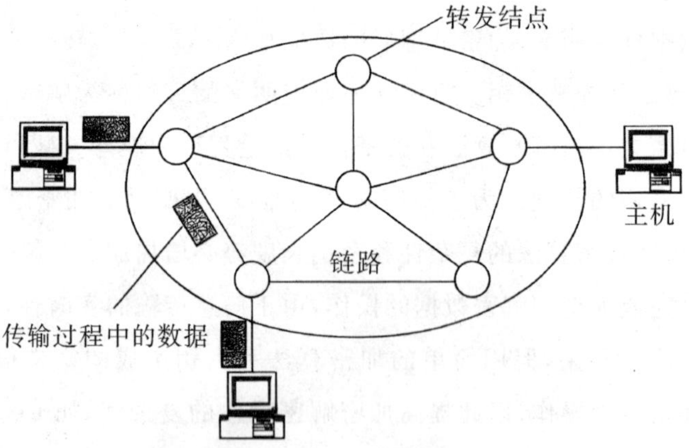

图 1－1　网络结构

(1)信息表示形式和信息传输过程

网络中主机和转发结点的信息表示形式与计算机的信息表示形式相同，转发结点可以看作是专用计算机。网络中链路的信息表示形式与有线和无线信道的信息表示形式相同。在网络环境下，信息可以存储在主机和转发结点中，也可以作为信号在链路上传播。

(2)存在威胁

由于网络中的主机和转发结点存储信息，因此，存在病毒、非法访问等威胁。由于信息转换成信号后需要在链路两端之间传播，因此，存在通过侦听信号窃取信息等威胁。

计算机与通信技术的结合扩大了威胁范围，如网络环境下的非法访问可以通过远程实现，某个访问者可以通过自己的主机和网络非法访问到远在千里之外的另一台主机中的信息。网络环境下的病毒可以通过网络相互传播。由于网络环境的虚拟性，使得各种非法接入网络的主机可以通过网络接收其他主机发送的信息。

随着网络应用的广泛和深入，各种导致网络丧失服务功能的拒绝服务攻击和伪造网络服务提供者的欺骗攻击也随之发生。

(3)安全措施

网络环境下的安全措施包括保障存储在计算机中信息的安全措施和保障传输过程中信

息的安全措施。由于网络扩大了威胁范围，使得网络环境下的安全措施变得十分复杂。本书将详细讨论保障网络环境下信息安全的各种理论、协议和技术等。

值得强调的是，由于计算机是信息的源头和目的端，计算机强大的运算能力可以采用复杂的加密解密算法和较大长度的密钥，网络的开放性又需要采用标准的加密解密算法，因此，网络环境下的加密解密算法需要满足以下两个条件：一是密文的安全性完全取决于密钥；二是加密解密算法可以保证，除了暴力破解，没有其他破译密文的方法。

5. 网络空间阶段

随着网络的广泛应用，网络已经与人们的日常生活和工作紧密联系在一起。人们通过网络购物、网络社交来获取各种信息。同样地，网络也已成为城市管理和控制、部队作战指挥的基础设施。为了突出网络等同于陆、海、空、太空一样的疆域的含义，用网络空间表示作为人们工作和生活、城市管理和控制、军队作战指挥等基础设施的网络、网络信息和网络应用的集合。

(1)网络安全事关国家安危

由于人们的大量活动基于网络展开，网络成为人们获取信息的主要渠道，因此，网络中信息的正确性、完整性和及时性成为人们正常生活和工作的前提。

网络为社会经济活动的基础。互联网金融已经与人们和企业的经济活动息息相关，网络信息的安全是人们和企业经济活动正常进行的前提。

网络成为城市管理和控制的基础设施。电网、水网、气网和城市交通都基于网络实施管理和控制，一旦黑客入侵电网、水网、气网及城市交通的管理控制网络，会导致城市发生无法预测的后果，因此，网络安全是城市正常运行的前提。

网络是军队信息化作战指挥系统的基础设施。作战要素通过网络实现互联互通，网络安全是军队作战指挥正常进行的前提。

(2)网络空间威胁

人们的工作和生活、企业的经济活动、城市的正常运行、军队的作战指挥都与网络中的信息息息相关，导致网络中的信息事关企业和国家的安危。

由于网络服务已经深入社会的方方面面，与人们的日常生活和工作紧密相连，终止某个方面或者某个地区的网络服务将严重影响人们的生活和工作、企业的正常经济活动。黑客用于终止某个方面或者某个地区的网络服务的拒绝服务攻击是网络空间面临的重大威胁。

(3)网络空间安全措施

网络空间安全已经上升到国家安全战略，网络空间安全不仅涉及网络安全技术，还涉及舆情监控、侦查、情报、军事防御等。完整的网络空间安全措施已经超出本书的内容范围，本书内容范围限于保障网络环境下信息安全的各种理论、协议和技术等。

(三)信息安全目标

网络环境下的信息安全目标包括信息的可用性、机密性、完整性、不可抵赖性、可控制性和真实性等。

1. 可用性

可用性是信息被授权实体访问并按需使用的特性。通俗地讲,就是做到有权使用信息的人任何时候都能使用已经被授权使用的信息,信息系统无论在何种情况下都要保障这种服务。而无权使用信息的人,任何时候都不能访问到没有被授权使用的信息。

2. 机密性

机密性是防止信息泄露给非授权个人或实体,只为授权用户使用的特性。通俗地讲,信息只能让有权看到的人看到,无权看到信息的人,无论在何时,用何种手段都无法看到信息。

3. 完整性

完整性是信息未经授权不能改变的特性。通俗地讲,信息在计算机存储和网络传输过程中,非授权用户无论何时,用何种手段都不能删除、篡改、伪造信息。

4. 不可抵赖性

不可抵赖性是信息交互过程中,所有参与者不能否认曾经完成的操作或承诺的特性,这种特性体现在两个方面:一是参与者开始参与信息交互时,必须对其真实性进行鉴别;二是信息交互过程中必须能够保留使其无法否认曾经完成的操作或许下的承诺的证据。

5. 可控制性

可控制性是对信息的传播过程及内容具有控制能力的特性。通俗地讲,就是可以控制用户的信息流向,对信息内容进行审查,对出现的安全问题提供调查和追踪手段。

6. 真实性

真实性也就是可靠性,指信息的可用度,包括信息的完整性、准确性和发送人的身份真实性等方面,它也是信息安全性的基本要素。

可用性、机密性和完整性通常被认为是网络安全的三个基本属性。

二、信息安全的重要性

(一)社会信息化提升了信息的地位

在国民经济和社会的各个领域,不断推广和应用计算机、通信、网络等信息技术及其他相关智能技术,达到全面提高经济运行效率、劳动生产率、企业核心竞争力和人民生活质量的目的。信息化是工业社会向信息社会的动态发展过程。在这一过程中,信息产业在国民经济中所占比例上升,工业化与信息化的结合日益密切,信息资源成为重要的生产要素。

进入电子商务时代后,信息的价值得以充分体现。通过虚拟的因特网收集信息、提供服务从而获取利益，已经成为一种现今流行的产业链，产生的经济效益甚至比传统产业高数十倍。

（二）社会对信息技术的依赖性增强

信息化已经成为当今世界经济和社会发展的趋势，这种趋势主要表现在：

①信息技术突飞猛进，成为新技术革命的“领头羊”。

②信息产业高速发展，成为经济发展的强大推动力。

③信息网络迅速崛起，成为社会和经济活动的重要依托。

网络应用已从简单地获取信息发展为进行学习、学术研究、休闲娱乐、情感需要、交友、获得各种免费资源（如免费邮箱、个人主页空间及各种免费资源下载等）、对外通信和联络（如收发邮件、短信息及传真等）、网上金融（如炒股、网上支付等）、网上购物、商务活动和追崇时尚等多元化应用。

Web 2.0 技术的使用使得网民从单纯的信息获取者直接提升为信息的提供者，为完全开放性的全球合作提供了网络平台。

（三）虚拟的网络财富日益增长

中国互联网信息中心（CNNIC）的报告显示，目前我国网民在娱乐、信息和社交类网络应用的使用上比例较高，其普及率均在 50%以上。

因特网的普及，使得人们的很多行为都转向网络平台，如网络银行、网络炒股及网络电子商务等。由此带来了财产概念的变化，个人财产除金钱、实物外，又增加了虚拟的网络财富，网络账号、各种游戏装备、游戏积分、游戏币等都是人们的财产体现，而这些虚拟财产都以信息的形式在网络中流通并使用，网络信息安全直接关系到这些财产的安全。当然，这种形式的财产保护也对我们现今的法律体系提出了新的要求。

第二节　威胁计算机信息安全的因素

在人们享受信息社会带来的巨大经济利益和便利时，计算机信息安全问题正面临着严峻的挑战。争夺信息资源，获取对方机密，篡改、破坏和销毁对方重要数据，破坏对方的信息处理设备等，早已成为一场看不见硝烟的全球性战争。信息安全已是世界性的现实问题，信息安全与国家的政治稳定、军事安全、经济发展和民族兴衰息息相关，提高国家信息安全体系的保障能力已成为各国政府优先考虑的战略问题。

对于每个普通公民来说，信息安全问题同样严峻。当人们将重要的数据存储在硬盘中时，数据会因操作不当或计算机病毒等原因在顷刻之间化为乌有。人们存放在计算机中的个人隐私会被公布于众；网银账户、证券账户和期货账户的资金会不明原因地消失；计算机系统会在用户毫无察觉的情况下被破坏而无法运行,甚至成为攻击、破坏其他计算机的工具,沦为罪犯的帮凶。

影响计算机信息安全的因素很多,大致可分为以下几个方面。

一、自然环境

自然环境的破坏包括火灾、水灾、雷电、地震等造成的信息丢失。为减少自然环境对信息的破坏和影响,在建设计算机机房等基础设施时就要考虑到计算机机房地点的选择、计算机机房结构等因素。应该说,保障计算机设备的物理安全是相对比较容易的,只要把握好从选购设备到机房建设的每个环节,加强设备管理等就可以避免或减少因物理设备损坏而造成的影响。

二、人为因素

人为因素分两种情况:第一种是用户自己的原因导致网络安全事故,如用户不注重自己的隐私,将自己的账户与其他人共享;第二种是用户恶意破坏,如对网络硬件设备的破坏以及利用黑客技术对网络系统的破坏。

(一)用户使用带来的威胁

用户是系统和网络的最终使用者。由于用户的操作不当给攻击者提供了入侵的机会,主要体现在以下三个方面。

1.密码简单

用户的口令往往采用缺省密码,设置为简单容易记忆的字符串,这样入侵者很容易在获取账号的同时,猜出或试出密码进行非法活动。

2.软件使用错误

用户在使用软件的过程中存在错误操作,会给系统的安全带来威胁,如端口打开过多、缺省脚本的危险、软件运行权限不当等。

3.系统备份不完整

用户虽然完成了系统备份,但并不检测备份是否有效,备份的数据是否被攻击者破坏等。

(二)用户恶意破坏

用户可以有选择地破坏信息的安全属性,如通过截取、破译等方式破坏信息的保密性,通过截取、篡改、重放来破坏信息的完整性,通过假冒他人破坏信息的认证等。随着黑客技术逐渐被越来越多的人掌握、利用,甚至有些黑客站点公开介绍一些攻击方法和攻击软件,公布系统的一些漏洞,使得系统、站点遭受攻击的可能性变大,加之现在还缺乏针对网络犯罪卓有成效的反击和跟踪手段，黑客攻击的隐蔽性强，导致攻击的破坏力极强。

三、软件设计缺陷

要确保计算机系统和信息安全是相当困难的，其根本原因是计算机软件的可修改性以及人们在设计程序时无法尽善尽美。在人们大谈计算机软件的可修改性给编程带来巨大便利，能创造出各种各样的软件的同时，软件的脆弱性也暴露无遗。人们也可以利用计算机软件的可修改性方便地修改程序，以达到破坏其他程序和信息或非法占有信息等目的。

（一）通信协议固有缺陷

网络协议的原旨是实现终端间的通信过程，因此，网络协议中的安全机制是先天不足的，这就为利用网络协议的安全缺陷实施攻击提供了渠道。如 SYN 泛洪攻击、源 IP 地址欺骗攻击、地址解析协议欺骗攻击等。

（二）硬件、系统软件和应用软件固有缺陷

目前的硬件和软件实现技术不能保证硬件和软件系统是完美无缺的，硬件和软件系统存在缺陷，因此，引发大量利用硬件、系统软件和应用软件的缺陷实施的攻击。如 Windows 操作系统会不时发现漏洞，从而引发大量利用已经发现的 Windows 操作系统漏洞实施的攻击。因此，微软公司需要及时发布用于修补漏洞的补丁软件，用户也必须及时通过下载补丁软件来修补已经发现的漏洞。

（三）不当使用和管理不善

安全意识淡薄，安全措施没有落实到位也是引发网络安全问题的因素之一，以下行为都存在安全隐患：

①如用姓名、生日、常见数字串、常用单词等作为口令。

②网络硬件设施管理不严，黑客可以轻而易举地接近交换机等网络接入设备。

③杀毒软件不及时更新。

④不及时下载补丁软件来修补已经发现的系统软件和应用软件的漏洞。

⑤下载并运行来历不明的软件。

⑥访问没有经过安全认证的网站。

四、网络面临的主要威胁

要解决网络安全问题，首先要了解威胁网络安全的要素，然后才能采取必要的应对措施。网络安全的主要威胁来自以下几个方面。

（一）网络攻击

网络攻击就是攻击者恶意地向被攻击对象发送数据包，导致被攻击对象不能正常提供服务的行为。网络攻击分为服务攻击与非服务攻击。

服务攻击就是直接攻击网络服务器，造成服务器“拒绝”提供服务，使正常的访问者不能访问该服务器。

非服务攻击则是攻击网络通信设备，如路由器、交换机等，使其工作严重阻塞或瘫痪，导致一个局域网或几个子网不能正常工作。

（二）网络安全漏洞

网络是由计算机硬件和软件以及通信设备、通信协议等组成，各种硬件和软件都不同程度地存在漏洞，这些漏洞可能是由于设计时的疏忽导致的，也可能是设计者出于某种目的而预留的，例如，TCP/IP 协议在开发时主要考虑的是开放和共享，在安全方面考虑得很少。网络攻击者就会研究这些漏洞，并通过这些漏洞对网络实施攻击。这就要求网络管理者必须主动了解这些网络中硬件和软件的漏洞，并主动采取措施，打好“补丁”。

（三）信息泄露

网络中的信息安全问题包括信息存储安全问题与信息传输安全问题。

信息存储安全问题是指静态存储在联网计算机中的信息可能会被未授权的网络用户非法使用。信息传输安全问题是指信息在网络传输的过程中可能被泄露、伪造、丢失和篡改。

保证信息安全的主要技术是数据加密和解密技术，将数据进行加密存储或加密传输，这样即使非法用户获取了信息，也不能读懂信息的内容，只有掌握密钥的合法用户，才能将数据解密以利用信息。

（四）网络病毒

网络病毒是指通过网络传播的病毒，网络病毒的危害是十分严重的，其传播速度非常快，而且一旦染毒清除困难。

网络防毒一方面要使用各种防毒技术，如安装防病毒软件，加装防火墙；另一方面也要加强对用户的管理。

（五）来自网络内部的安全问题

来自网络内部的安全问题主要指网络内部用户有意无意地做出危害网络安全的行为，如泄露管理员口令，违反安全规定，绕过防火墙与外部网络连接，越权查看、修改、删除系统文件和数据等。

解决这一问题的方法应从两个方面入手：一方面要在技术上采取措施，如专机专用，对重要的资源加密存储、身份认证、设置访问权限等；另一方面要完善网络管理制度。

第三节　计算机信息安全技术体系

信息系统安全的总需求是物理安全、网络安全、信息内容安全和应用系统安全的总和，安全的最终目标是确保信息的机密性、完整性、可用性、可控性和抗抵赖性，以及信息系统主体（包括用户、团体、社会和国家）对信息资源的控制。完整的信息系统安全体系框架由技术体系、组织机构体系和管理体系共同构建，如图1－2所示。

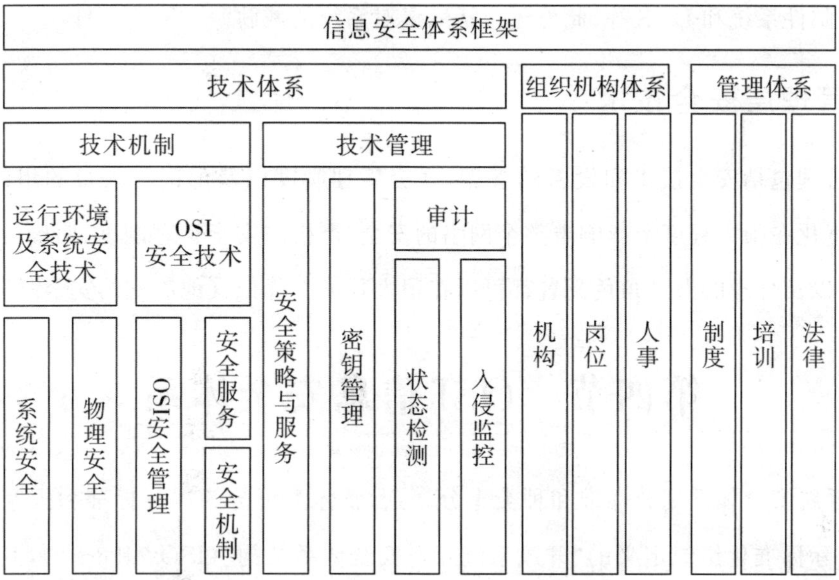

图1－2　信息系统安全体系框架

一、物理层安全技术

物理层的安全包括通信线路的安全、物理设备的安全和机房的安全等。物理层的安全主要体现在通信线路的可靠性（线路备份、网管软件和传输介质）、软硬件设备安全性（替换设备、拆卸设备和增加设备）、设备的备份、防灾害能力、防干扰能力、设备的运行环境（温度、湿度和烟尘）、不间断电源保障等。

二、系统层安全技术

系统层的安全问题来自网络内使用的操作系统和数据库系统的安全，如Windows Server、Linux、SQL Server和Oracle等。其主要表现在三个方面：一是系统本身的缺陷带来的不安全因素，主要包括身份认证、访问控制和系统漏洞等；二是系统的安全配置问题；三是病毒对系统的威胁。

三、网络层安全技术

网络层的安全问题主要体现在网络方面的安全性，包括网络层身份认证、网络资源的访问控制、数据传输的保密与完整性、远程接入的安全、域名系统的安全、路由系统的安全、入侵检测的手段和网络设施防病毒等。

四、应用层安全技术

应用层的安全问题主要由提供服务所采用的应用软件和数据的安全性产生，包括 Web 服务、电子邮件系统和 DNS 等，此外还包括病毒对系统的威胁。

五、管理层安全技术

安全管理包括安全技术和设备的管理，安全管理制度以及部门与人员的组织规则等。管理的制度化在很大程度上影响着整个网络的安全，严格的安全管理制度、明确的部门安全职责划分，以及合理的人员角色配置都可以在很大程度上降低其他层次的安全漏洞。

第四节　OSI 信息安全体系

信息系统安全体系划分标准和种类十分繁杂，整体上可分为国际标准和国家标准两大类，例如国际标准化组织定义的“开放系统互连安全体系结构”（ISO 7498－2），其标准结构如图 1－3 所示。

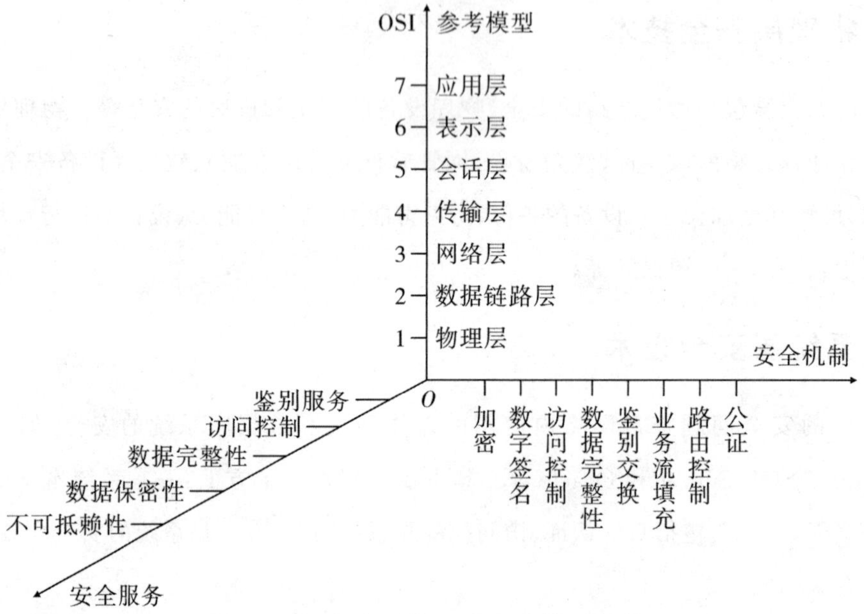

图 1－3　开放系统互连安全体系结构

一、OSI 的七层结构与 TCP/IP 模型

计算机网络把计算机连接起来，使得各种计算设备可以方便地交换和共享信息资源。网络设计采用分层结构化的设计思想，如图 1－4 所示，将网络按照功能划分成一系列的层

次。相邻层中较高层直接使用较低层提供的服务实现其功能，同时又向它的上一层提供服务，服务的提供是通过相邻层的接口来实现的。

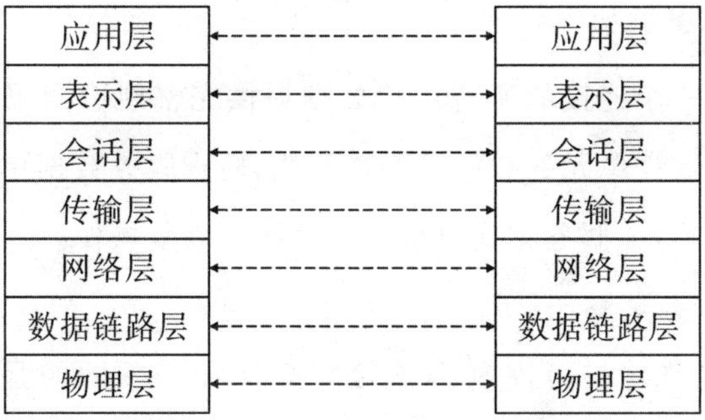

图 1—4　OSI 的七层协议模型

Internet 实际上不是由七层组成的，而是由应用层、传输层（TCP/UDP）、网络互联层（IP）和网络接口层组成的，它们的位置关系如图 1—5 所示。

图 1—5　TCP/IP 参考模型

二、OSI 的安全服务

OSI 的五类安全服务是鉴别服务、数据机密性安全服务、数据完整性安全服务、访问控制服务和抗抵赖服务。实际上这是一些要实现的安全目标，但在 OSI 的框架之下，认为每一层和它的上一层都是一种服务关系，因此，把这些安全目标称为安全服务是恰当的。

（一）鉴别服务

鉴别服务提供对等实体鉴别和数据来源鉴别。

1. 对等实体鉴别

对等实体鉴别提供实体的身份识别服务，能够确定一个实体没有冒充其他实体，使对方（对等实体）确信它正在与所声称的另一实体通信。

2. 数据来源鉴别

确认所收到的数据来源是所声称的实体，但对于数据的重放不提供保护。

（二）数据机密性安全服务

数据机密性安全服务能够防止数据未经授权而被泄露，防止在系统之间交换数据时数据被截获。它包括连接机密性、无连接机密性、选择字段机密性及业务流机密性四项服务。

（三）数据完整性安全服务

数据完整性安全服务是用于对付主动威胁的，用来防止在系统之间交换数据时，数据被修改、插入或丢失。它包括可恢复的连接完整性、不可恢复的连接完整性、选择字段的连接完整性、选择字段的无连接完整性及无连接完整性。

1. 可恢复的连接完整性

为在某层上建立的一个连接的所有用户数据提供完整性检测服务，即检查整个服务数据单元序列中所有服务数据单元的数据是否被篡改，检查服务数据单元序列是否被删除、插入或乱序。一旦出现差错，该服务将提供重传或纠错等恢复操作。

2. 不可恢复的连接完整性

不可恢复的连接完整性与可恢复的连接完整性唯一不同的是检查到差错后不进行补救。

3. 选择字段的连接完整性

为某层的一个连接传输的所选择部分字段提供完整性检查服务，即检查这些服务数据单元字段序列的数据是否被篡改，检查字段序列是否被删除、插入或乱序。

4. 选择字段的无连接完整性

仅对某层协议的某个服务数据单元的部分字段提供完整性检查服务，确认是否被篡改。

5. 无连接完整性

对某层上协议的某个服务数据单元提供完整性检查服务，确认是否被篡改。

（四）访问控制服务和抗抵赖服务

访问控制服务是防止对资源的非授权使用。抗抵赖服务分为数据的发送方提供交付证明和为数据的接收方提供原发证明。

三、OSI 安全机制

OSI 安全机制分为两大类别：一类称为特定安全机制，包括加密、数字签名、访问控制、数据完整性、鉴别交换、通信量填充和公证；另一类称为普遍安全机制，包括可信功能度、安全标记、事件检测、安全审计追踪和安全恢复。

第二章　计算机网络安全体系结构

本章讨论网络安全的标准、需求及配置，包括网络安全模型结构、安全体系所要求的安全服务、安全体系的安全机制、安全服务的层配置、网络安全策略和网络安全评估标准等方面的内容，还对基本的安全服务与机制，以及它们的恰当配置按基本参考模型做了每层说明。此外，还说明了这些安全服务与机制对于参考模型而言在体系结构上的关系。

第一节　网络安全基础知识

一、网络安全的含义

网络安全是指网络系统的硬件、软件及其系统中的数据受到保护，不因偶然或者恶意的行为而遭到破坏、更改、泄露，系统持续、可靠、正常地运行，网络服务不中断。

一个现代网络系统若不含有网络安全措施，就不能认为是完整的。从本质上来说，网络安全是网络上的信息安全，网络安全涉及的领域相当广泛。从广义来说，凡是涉及网络上信息的保密性、完整性、可用性、真实性、可控性的相关技术和理论，都是网络安全所要研究的领域。

从以下几个角度来理解网络安全：从用户的角度来说，涉及个人隐私或商业利益的信息在网络上传输时受到机密性、完整性和真实性的保护，避免信息被窃听、冒充、篡改、抵赖、非授权访问和破坏；从网络管理者的角度来说，他们对本地网络信息的访问、读写操作受到保护和控制，避免出现病毒、非法存取、拒绝服务、网络资源非法占用及非法控制威胁；从教育工作者的角度来说，网络上不健康的内容会影响青少年成长，必须对其加以控制。由此可见，网络安全在不同的环境和应用中会有不同的解释。

（一）运行系统安全

运行系统安全指的是保证信息处理和传输系统的安全。它包括法律、政策的保护，计算机机房环境的保护，计算机结构设计上的安全性考虑，硬件系统的可靠安全运行，计算机操作系统和应用软件的安全，数据库系统的安全，电磁信息泄露的防护等。

（二）系统信息的安全

系统信息的安全包括用户口令鉴别、用户存取权限控制、数据存取权限、方式控制、安全审计、安全问题跟踪、计算机病毒防治、数据加密等。

（三）信息传播的安全

信息传播的安全即信息传播后果的安全，包括对不良信息的过滤。

（四）信息内容的安全

信息内容的安全即通常所说的狭义上的“信息安全”，它侧重于保护信息的保密性、真实性和完整性，避免攻击者利用系统的安全漏洞进行窃听、冒充、诈骗等有损于合法用户的行为。显而易见，网络安全与其所保护的信息对象有关，本质上是在信息的安全期内，保证其在网络上流动或静态存放时不被非授权用户非法访问，授权用户可以访问。

二、网络安全的需求

网络安全的需求是为保证系统资源的保密性、安全性、完整性、服务可用性、有效性和合法性及信息流保护，为维护正当的信息活动，采取的组织技术措施和方法的总和。

（一）保密性

保密性指利用密码技术对信息进行加密处理以防止信息泄露。

（二）安全性

安全性标志着一个信息系统的程序和数据的安全保密程度，防止非法使用和访问的程度。

（三）完整性

完整性标志着程序和数据的信息完整程度，使程序和数据能满足预定要求。完整性分为软件完整性和数据完整性两个方面。

（四）服务可用性

服务可用性指对符合权限的实体能提供优质的服务，是适用性、可靠性、及时性和安全保密性的综合表现。

（五）有效性和合法性

有效性和合法性有两层含义：信息接收方应能证实它所收到的内容和顺序都是真实的，应能检验收到的信息是否过时或为重传的信息；信息发送方不能否认从未发过任何信息并声称该信息是接收方伪造的，信息的接收方不能对收到的信息进行任何修改和伪造，也不能抵赖收到信息。

（六）信息流保护

信息流保护指网络上传输信息流时，应该防止有用信息的空隙之间被插入有害信息，避免出现非授权的活动和被破坏。

三、网络安全的内容

网络安全的实质是安全立法、安全管理和安全技术的综合实施，这三个层次体现了网络安全策略的限制、监视和保障职能。网络安全技术涉及的内容很多，包括：网络安全技术，网络安全体系结构，网络安全设计，网络安全标准制定、评测及认证，网络安全设备、安全管理、安全审计，网络犯罪侦查，网络安全理论与政策，网络安全教育，网络安全法律等。

(一)安全控制

安全控制是指计算机操作系统和网络通信设备上，对存储和传输信息的操作及进程进行控制与管理，主要是在信息处理层上对信息进行初步的安全保护，分为操作系统的安全控制和网络互联设备的安全控制。

(二)安全服务

安全服务是指在应用程序中对信息的秘密性、完整性和来源的真实性进行保护及鉴别，满足用户的安全需求，抵御各种安全威胁和攻击手段。这是对现有操作系统和通信网络的安全漏洞问题的弥补与完善。

安全服务主要包括安全机制、安全连接、安全协议和安全策略等内容。

1. 安全机制

安全机制是利用密钥算法对重要而敏感的信息进行处理，包括加密、解密、数字签名、签名验证及信息认证。安全机制是安全服务乃至整个安全系统的核心关键，现代密钥学的理论和技术对安全机制的设计具有重要作用。

2. 安全连接

安全连接是在安全处理前与网络通信方之间的连接过程，为安全处理提供必要的准备工作。其主要包括会话密钥的分配、生成和身份验证。

3. 安全协议

安全协议是多个使用方为完成某些任务所采取的一系列的有序步骤。安全协议的特性：预先建立、相互同意、非二义性和完整性。安全协议使网络环境下不信任的通信方能够相互配合，并通过安全连接和安全机制的实现保证通信过程的安全性、可靠性与完整性。

4. 安全策略

安全策略是安全体制、安全连接和安全协议的有机组合方式，是系统安全性完整的解决方案，决定了信息安全系统的整体安全性和实用性。不同的通信系统和具体的应用环境决定了不同的安全策略。

(三)安全系统的设计和实现

信息安全系统的设计和实现分为安全体制、网络安全连接和网络安全传输三部分。

1. 安全体制

安全体制包括安全算法库、安全信息库和用户接口界面。

(1)安全算法库

安全算法库包括私钥算法库、公钥算法库、Hash 函数库、密钥生成程序、随机数生成程序等安全处理算法。

(2)安全信息库

安全信息库包括用户口令和密钥、安全管理参数及权限、系统当前运行状态等安全信息。

(3)用户接口界面

用户接口界面包括安全服务操作界面和安全信息管理界面。

2. 网络安全连接

网络安全连接包括安全协议和网络通信接口模块。

(1)安全协议

安全协议包括安全连接协议、身份验证协议及密钥分配协议。

(2)网络通信接口模块

根据安全协议实现安全连接一般有两种方式:①安全服务和安全体制在应用层实现,经过安全处理后的加密信息送到网络层和数据链路层,进行透明的网络传输和交换,这种方式的优点是实现简单,不需要对现有系统做任何修改,用户投资成本低;②对现有的网络通信协议进行修改,在应用层和网络层之间加一个安全子层,实现安全处理和操作的自动性及透明性。

3. 网络安全传输

网络安全传输包括网络安全管理系统、网络安全支撑系统和网络安全传输系统。

(1)网络安全管理系统

网络安全管理系统安装于用户终端或网络结点上,是由若干可执行程序所组成的软件包,提供窗口化、交互化的"安全管理器"界面,由用户或网管人员配置、控制和管理数据信息的安全传输,兼容现有通信网络管理标准,实现网络安全的相关功能。

(2)网络安全支撑系统

网络安全支撑系统指整个信息安全系统的可信方,是由网络安全管理人员维护和管理的安全设备与安全信息的总和。包括:①密钥管理分配中心:负责身份密钥、公钥、私钥等密钥的生成、分发、管理和销毁;②认证鉴别中心:负责对数字签名等信息进行鉴别和裁决。

(3)网络安全传输系统

网络安全传输系统包括防火墙、安全控制、流量控制、路由选择及审计报警等。

四、实现网络安全的原则

在开放式的网络环境中,安全和不安全因素、可信和不可信用户同时存在。为了保护系统通信的安全,保护合法用户的利益和隐私,开放式的网络环境需要安全保护措施。同时,为了保证系统的兼容性,减少安全保护的系统开销,方便用户的使用和系统的管理,实现安全保护,应遵循以下几个原则:①应用中在靠近用户的位置设置安全保护措施。为保护用户的合法权益,最好在与用户直接打交道的接口处实施安全保护,不要信赖端系统或通信线路等外部环境的安全保护措施。②尽量减少可信的第三方数量。信任关系越少,就越能减少不安全因素,保证通信的安全性。③将实施安全的策略和具体的安全实现分开,使安全管理方便、简洁,具有通用性。④安全策略的实现是一个整体的概念。不能只在网络协议的某一层或几层增加安全保护的措施,而应从所有的协议层来整体考虑如何增加安全保护,使各层之间保持一致,减少重复,提高安全实现的效率,减少安全漏洞。⑤尽可能保持原有网络协议的特点和系统的通用性,不因新增加的安全措施而违背开放式网络的原则。⑥采用统一的内部结构和外部管理接口来实现必要的安全措施。减少用户的干预,使用户和上层的应用程序不受所增加的安全措施的影响。

五、网络安全常用的概念

(一)加密

密码学是研究编制密码和破译密码的技术科学,是许多安全服务与机制的基础。它一方面用来保护信息的安全性,防止遭到攻击,另一方面实现一些攻击技术,如对消息流的观察、篡改,以及对通信业务流分析、抵赖、伪造、非授权连接等。

加密的含义是把敏感数据变换成敏感性较弱的形式,它既可以是对称的,也可以是非对称的。对称加密算法是指通信双方采用相同的密钥,因此带来密钥存储与分配的问题。非对称加密算法也称公开密钥算法,即公开一个密钥而隐藏另一个密钥,一个密钥不能从另一个密钥计算出来。

(二)密钥管理

密钥管理包括密钥的产生、分配与控制。关于密码管理需要考虑的要点:对于每一个明显或隐含指定的密钥,使用基于时间的“存活期”,或使用其他准则,按密钥的功能恰当地区分密钥,以便可以按功能使用密钥。

对于对称密钥算法,要使用密钥体系并用密钥管理协议中的机密性服务运送密钥。对于非对称密钥算法,要使用密钥管理协议中的完整性服务或数据抗抵赖服务秘密运送公钥。

(三)数字签名

数字签名是使用非对称密钥算法来提供诸如抗抵赖服务与对象鉴别等安全服务,其特征是不使用私有密钥就不能生成签过名的那个数据单元。这意味着,签过名的数据单元除了私有密钥的占有者外,其他人是不能制造出来的;接受者不能生成签过名的数据单元。

(四)访问控制

访问控制通过使用访问控制表、口令及权力标志,将对资源的访问只限于被授权用户,实施对资源访问加以限制的策略。

（五）数据完整性

数据完整性机制有两种类型：一种用来保护单个数据单元的完整性；另一种既保护单个数据单元的完整性，也保护整个数据流序列的完整性。

（六）消息流的篡改检测

消息流篡改检测技术用来检测消息流的非法改变，与通信链路和网络的比特检错、码组检错与顺序检错相关联。

（七）鉴别交换

鉴别交换根据不同的场合有多种选择与组合。例如，当对等实体及通信手段都可信任时，一个对等实体的身份可以通过口令来证实；当每个实体信任它的对等实体但不信任通信手段时，抗主动攻击的保护由口令与加密联合提供，或由密码手段提供；当实体不信任它们的对等实体或通信手段时使用抗抵赖服务。

（八）通信业务填充

通信业务填充通过制造伪通信业务和将协议数据单元填充到一个固定长度，以防止通信业务分析，为网络安全提供保护。

（九）路由选择控制

路由选择控制可用来保证数据只在物理上安全的路由上传输，或保证敏感数据只在具有适当保护级别的路由上传输。

（十）公证

公证建立在可信任的第三方的概念之上，从而确保在两个实体间交换信息的某些性质不至于变化。

六、网络安全模型

网络安全模型是基于发信者 S(Sender)、收信者 R(Receiver)、敌人 E(Enemy)和监控管理方 B(Boos)的四方模型。通信双方（主体）通过协调通信协议，可以建立逻辑信息通道。主体之间进行数据传输时，会面临各种不同的安全威胁和安全攻击（如通信被中断、数据被截获、信息被篡改等），所以主体必须采取相应的安全措施，以防止敌人对信息的保密性、可靠性造成破坏。

由于万维网通信方式大都采用客户服务器方式来实现，因此其侧重点在于如何有效地保护客户端对服务器的安全访问，如何有效地保护服务器的安全性。为了有效保护模型中信息系统的各种资源以及应对各种网络攻击，在模型中加入了守卫功能。守卫可以有效地利用安全技术对信息流进行控制，如对客户端进行身份认证、对客户端服务器的请求信息进行过滤、对服务器的资源进行监视审计，从而抵御大部分的安全攻击。

第二节　安全服务和安全机制

一、安全服务的种类

针对网络系统受到的威胁，OSI 安全体系结构提出了以下几类安全服务。

（一）鉴别服务

鉴别分为对等实体鉴别和数据原发鉴别。对等实体鉴别指确认有关的对等实体是其声称的实体。数据原发鉴别是指确认接收到数据来源的真实性。鉴别可以是单向的也可以是双向的，可以带有效期检验，能防止冒充或重传以前的连接，也可以防止伪造连接初始化这种类型的攻击。

对等实体鉴别服务当由 OSI 模型的 N 层提供时，将使 $N+1$ 层实体确信与之打交道的对等实体正是它所需要的 $N+1$ 层实体。这种服务在连接建立或在数据传送阶段的某些时刻提供使用，用以证实一个或多个连接实体的身份。使用这种服务可以确信（仅仅在使用时间内），一个实体此时没有试图冒充其他实体，或没有试图将先前的连接做非授权地重演。这种服务能够提供各种不同程度的保护。

数据原发鉴别服务由 OSI 模型的 N 层提供时，将使 $N+1$ 层实体确信数据来源正是所要求的对等 $N+1$ 层实体。数据原发鉴别服务对数据单元的来源提供确认，这种服务对数据单元的重复或篡改不提供保护。

（二）访问控制服务

访问控制服务防止未经授权的用户非法使用系统资源，包括用户身份验证和权限确认。该服务不仅可以提供给单个用户，也可以提供给封闭的用户组中的所有用户。

访问控制关注的是防止网络或网络资源的非授权使用，而通过授权有助于提高网络或网络资源的保密性、可获得性和完整性。授权通常是对一对活跃的实体，相对发起端和目标端而言。通过授权，能够决定哪一个发起者，可以访问和使用哪一个目标系统和网络服务。访问控制也负责选择路由，其目的在于防止敏感信息，从某个不可信任的网络或子网传输。访问控制应防止存储对象如内存、磁盘在重新分配时，由前一个使用这些对象的用户留下的信息被后一个用户非授权使用。最简单的方法是在对象分配时消除所有的内容。

访问控制限制的是 OSI 可访问资源的非授权使用。这些资源是经 OSI 协议访问到的 OSI 资源或非 OSI 资源。这种保护服务可应用于对资源的各种不同类型的访问（例如：使用通信资源；读、写或删除信息资源；处理资源的执行）或应用于对一种资源的所有访问。这种访问控制应与不同的安全策略协调一致。

（三）数据保密服务

数据保密服务的目的是保护网络中各系统之间交换的数据，防止因数据被截获而造成的数据泄密。具体包括以下内容。

1. 连接保密

连接保密即对某个连接上的所有用户数据提供保密。但在某些使用中和层次上，保护所有数据是不合适的，例如，连接请求中的数据。

2. 无连接保密

无连接保密即对一个无连接数据包的所有用户数据提供保密。

3. 选择字段保密

选择字段保密即对一个协议数据单元中的用户数据的一些经选择的字段提供保密。这些字段或处于（*N*）连接的（*N*）用户数据中，或为单个无连接的（*N*）SDU 中的字段。

4. 信息流安全

信息流安全即对可能从观察信息流就能推导出的信息提供保密，使得通过观察通信业务流不可能推断出其中的机密信息。信息传输本身所体现出的特点包括源地址、目的地址、频度和流量的大小。

保密性服务有两种基本方法：

一种方法是已定义的安全域中的实体。一个安全线包含所有的主机和资源，以及用来连接它们的传输媒体，它们都遵守一个正式的安全策略，并能够为用户提供一定的安全级别。安全域中的主机之间存在某种程度的信任关系，并且它们之间能够提供和获得某些服务，而在安全域以外的主机却无法得到。安全域中也能够包含其他的网络和子网，并且它们也拥有相同的信任级别。

另一种方法是使用加密技术。加密可使明文变换为密文，而只有拥有解密密钥的目标接收者才能将密文重新转换为明文。当从源主机发送的报文，离开当前的安全域而不得不经过中间网络到达目的主机时，需要采用加密技术，防止重要的信息在网络上传输时被截获。

（四）数据完整性服务

数据完整性服务用来防止非法实体的主动攻击，以保证数据接收方收到的信息与发送的信息完全一致。在一次连接上，连接开始时使用对等实体鉴别服务，并与在连接的存活期使用的数据完整性服务联合起来，为在此连接上传送的所有数据单元的来源和完整性提供确认，而且，如果使用顺序号，还能另外为数据单元的重复提供检测。具体提供的数据完整性服务有以下五种。

1. 可恢复的连接完整性

该服务对一个连接上的所有用户数据完整性提供保障，而且对任何服务数据单元的修改、插入、删除或重放都可使之复原。

2. 无恢复的连接完整性

该服务除了不具备恢复功能之外，其余同前。

3. 选择字段的连接完整性

该服务提供在连接上传送选择字段的完整性，确定所选字段是否已被修改、插入、删除或重放。

4. 无连接完整性

该服务提供单个无连接的数据单元的完整性，能确定收到的数据单元是否已被修改；另外，在一定程度上也能提供对重演的检测。这种服务由 N 层提供时，对发出请求的 $N+1$ 实体提供完整性保证。

5. 选择字段无连接完整性

该服务提供单个无连接数据单元中各个选择字段的完整性，能确定选择字段是否被修改。

数据完整性与保密性是有区别的。假设源主机和目的主机分别是自动取款机与银行，如果任何人要通过搭线窃听获得用户的账号及密码，这属于保密性问题；客户要修改 ATM 和银行之间的信息传输，使原本 1 000 元的交易让银行只划走 100 元，这就属于数据完整性问题。

保护数据完整性与保密性可以采用加密技术实现，其区别在于加密在 OSI 模型的哪一个层次上进行。当应用层的一个应用进程与另一台主机的应用进程通信时，数据到达表示层时进行加密，直到目的主机的表示层在整个网络传输过程中都是采用密文的方式，称为端对端加密。由于信息流离开主机时加密具有隐藏整个信息流的特性，因此可在网络或子网结点解密后进行路由选择的加密方法，称为链路加密。链路加密能够保证数据的完整性，端对端加密能够保证数据的保密性。

（五）禁止否认服务

禁止否认服务用来防止数据发送方发送数据后否认自己发送过数据，或接收方接收数据后否认自己收到过数据。该服务由以下两种服务组成。

1. 不得否认发送

这种服务向数据的接收方提供数据源的证据，从而可防止发送者否认发送过这个数据或否认它的内容。

2. 不得否认接收

这种服务向数据的发送者提供数据已交付给接收者的证据，因而接收者事后不能否认曾收到此数据。

上面这两种服务是一种数字签名服务，服务中必须注意的一个问题是：以前截获信息流的重放。这种技术通常被非授权的主机用来欺骗目的主机，即信息来自合法的主机。

（六）可记账性服务

这一功能要求系统保留一个日志文件，与安全相关的事件记在日志文件中，以便于事后调查和分析，追查有关责任者，发现系统安全的弱点。

二、安全机制的种类

为实现上述各种服务，安全体系结构建议采用以下八种安全机制。

（一）加密机制

加密是提供数据保密的最常用的方法，既能为单个数据提供机密性，也能为通信业务流提供机密性，并且还对下面所述的一些其他安全机制起补充作用。加密算法按密码体制可分为序列密码算法和分组密码算法两种；按密钥类型可分为对称密钥算法和非对称密钥算法两种。对称密钥算法知道加密密钥也就知道解密密钥，反之亦然；非对称密钥算法知道加密密钥并不意味着也知道解密密钥，反之亦然。用加密的方法与其他技术相结合，可以提供数据的保密性和完整性。除了对话层不提供加密保护外，加密可在其他各层上进行。与加密机制伴随而来的是密钥管理机制。

（二）数字签名机制

数字签名是解决网络通信中特有的安全问题的有效方法。数字签名机制主要可以解决以下几种安全问题。

1. 否认

发送者事后不承认自己发送过某份文件。

2. 伪造

接收者伪造一份文件，声称它来自发送者。

3. 冒充

网上的某个用户冒充另一个用户接收或发送信息。

4. 篡改

接收者对收到的信息进行部分篡改。

数字签名机制包括对数据单元签名和验证签名的数据单元两个过程。签名过程涉及使用签名者的私有信息作为私钥，或对数据单元进行加密，或产生出该数据单元的一个密码校验值；验证过程涉及使用公开的规程与信息来决定该签名是不是用签名者的私有信息产生的。

签名机制的本质特征是该签名为签名者独有，只有私有信息的唯一拥有者才能产生这个签名，它能在任何时候从第三方得到证明。也就是说，数字签名必须具有可证实性、不可否认性、不可伪造性和不可重用性。

（三）访问控制机制

访问控制机制指按事先确定的规则决定主体对客体的访问是否合法。当一个主体试图非法使用一个未经授权的客体时，该机制将拒绝这一企图，并附带向审计跟踪系统报告这一事件，审计跟踪系统将产生报警信号或形成部分追踪审计信息。对于无连接数据传输，发给发送者的拒绝访问的通知，只能作为强加于原发的访问控制结果而被提供。

访问控制机制建立在下述的一种或多种手段之上：访问控制信息库，它有对等实体的访问权限，由授权中心或正被访问的那个实体保存；鉴别信息，如口令、权力；安全标记，可用来表示同意或拒绝访问，通常根据安全策略而定；试图访问的时间；试图访问的路由；访问持续期。

网络上的审计控制机制类似于单个计算机系统上的访问控制机制。

（四）数据完整性机制

数据完整性包括两种形式，即单个数据单元或字段的完整性和数据单元流或字段流的完整性。一般来说，用来提供这两种类型完整性服务的机制是不相同的，但是没有第一类完整性服务，第二类服务也无法提供。

决定单个数据单元的完整性涉及两个过程，一个在发送实体上，一个在接收实体上。保证数据单元完整性的一般方法：发送实体在数据单元上加一个标记，这个标记是数据本身的信息签名函数，如 Hash 函数等。接收实体将自己产生的标记与接收的标记相比较，以确定传输过程中数据是否被修改过。

单靠这种机制不能防止单个数据单元的重演。在网络体系结构的适当层上，应检测可能在本层或较高层上导致恢复作用的操作。对于连接方式的数据传送，保护数据单元序列的完整性还另外需要某种明显的排序形式。数据单元序列的完整性是要求序列编号的连线性和时间标记的正确性，以防止假冒、丢失、重发、插入或修改数据序列。

（五）交换鉴别机制

交换鉴别是以交换信息的方式来确认实体身份的机制。用于交换鉴别的技术有以下几种。

1. 口令

由发送实体提供，接收实体检测。

2. 密码技术

相交换的数据加密，只有合法用户才能解密，从而得出有意义的明文。许多情况下，这种技术需要与时间标记和同步时钟、双方或三方“握手”协议、数字签名和公证机构等技术一起使用以防止重演和否认问题的发生。

3. 利用实体的特征或所有权

如指纹识别、声音识别和身份卡。这种机制可设置在 N 层以提供对等实体鉴别。如果在鉴别实体时得到否定的结果，就会导致连接的拒绝或终止，可能在安全审计跟踪中增加一个记录，也可能给安全管理中心一个报告。

（六）业务流量填充机制

通信业务填充机制主要是对抗非法者在线路上监听数据并对其进行流量和流向分析。

这种机制只有在通信业务填充受到机密服务保护时才是有效的。该机制采用的方法一般由保密装置在无信息传输时，连续发出伪随机序列，使得非法者不知哪些是有用信息、哪些是无用信息。

（七）路由控制机制

一个大型网络中，从源结点到目的结点可能有多条线路可以到达，有些线路可能是安全的，而另一些线路是不安全的。路由控制机制可使信息的发送者动态或预定选择特殊的路由，以便只使用物理上安全的子网络、中继站或链路，从而保证数据安全。

检测到持续的攻击时，端系统可指示网络服务的提供者，经不同的路由建立连接，带有某些安全标记的数据，可被禁止通过某些子网络、中继站或链路。

（八）公证机制

一个大型网络中有许多结点或终端，使用这个网络时并不是所有用户是可信的，同时也可能由于系统故障原因使信息丢失、迟到，这容易引起责任问题。为了解决这个问题，需要有一个各方都信任的实体——公证机构，如同一个国家设立的公证机构一样，提供公证服务、仲裁出现的问题。

公证保证是由第三方公证人提供的。公证人为通信实体所信任，并掌握必要信息，以一种可证实方式提供所需的保证。每个通信实例可使用数字签名、加密和完整性机制以适应公证人提供的服务。当公证机制被用到时，数据便在参与通信的实体之间，经由受保护的通信实例和公证方进行通信。一旦引入公证机制，通信双方进行数据通信时必须经过这个机构来转换，以确保公证机构能得到必要的信息，供以后仲裁。

三、普遍性安全机制

下面叙述的几种安全机制不是为某种特定的服务而特设的，某些这样的普遍性安全机制可认为属于安全管理方面。

（一）安全标记

包含数据项的资源具有与这些数据相关联的安全标记，例如指明数据敏感性级别的标记。通常，必须在转送中与数据一起运送适当的安全标记。安全标记是与被传送的数据相连的附加数据，也可能是隐含的信息，例如使用一个特定密钥加密数据所隐含的信息，或由该数据的上下文所隐含的信息。明显的安全标记必须是清晰可辨认的，以便对它们做适当的验证。此外，它们还必须依附于与之关联的数据。

（二）事件检测

与安全有关的事件检测包括对威胁安全事件的检测，也可以包括对“正常”事件的检测。例如一次成功的访问，这些可由 OSI 内部含有安全机制的实体来做，一个事件的技术规范构成，由事件处置管理程序来维护。安全事件包括：特定的安全侵害；特定的选择事件；对事件发生次数计数的溢出。对各种安全事件的检测,可能引起一个或多个如下动作:在本地报告这一事件;远程报告这一事件;对事件做记录;对事件进行恢复。

(三)审计跟踪

审计跟踪是一种重要的安全机制,它有助于事后检测和调查安全的漏洞。安全审计是对系统的记录与行为进行考察,目的是测试系统的控制是否恰当,保证与既定策略和操作的协调一致,以便做出损害评估,提出控制、策略与规程中的改良方案。安全审计要求跟踪记录有关安全的信息,分析和报告从安全审计跟踪中得来的信息。日志记录可以被看作是一种安全机制,而分析和报告可以被视为一种安全管理功能。安全审计跟踪要考虑选择记录什么信息,在什么条件下记录信息,以及为了交换安全审计跟踪信息所采用的语法和语义定义。

收集审计跟踪的信息,通过列举被记录的安全事件的类别,能适应各种不同情况的需要。已知安全审计的存在可对某些潜在的侵犯安全的攻击源起到威慑作用。

(四)安全恢复

安全恢复处理来自事件处置与管理功能等机制的请求,并把恢复动作当作是应用一组规则的结果。这种恢复动作有三种,即立即动作、暂时动作和长期动作。其中,立即动作可能造成操作的立即放弃,如断开;暂时动作可能使一个实体暂时无效;长期动作是把一个实体记入"黑名单"或改变密钥。

四、服务、机制的层配置

出于 OSI 参考模型是一种层次结构,某种安全服务由某些层支持更有效,因此,存在一个安全服务的层配置问题。为了解决安全服务、安全机制的层配置问题,需要用到下列原则:①实现一种服务的不同方法越少越好;②在多个层上提供安全服务来建立安全系统是可取的;③避免破坏层的独立性;④只要一个实体依赖于较低层的实体提供的安全机制,那么任何中间层应该按不违反安全的方式操作;⑤只要可能,应以不排除作为自容纳模块起作用的方法来定义一个层的附加安全功能。

下面描述在 OSI 基本参考模型的框架内提供的安全服务,并简要说明它们的实现方式。除非特别说明,安全服务由运行在该层的安全机制来提供。多数的层提供一定的安全服务。层不但能从它们本身获得安全服务,而且可以使用较低层中提供的安全服务。

(一)物理层

1. 服务

物理层能够单独或联合其他层提供下列安全服务:连接机密性、通信业务流机密性。通信业务流机密性有完全通信业务流的机密性和有限通信业务流的机密性两种形式,前者只在某些情况下提供,如双向同时、同步、点对点传输;后者能为其他传输类型提供,如异步传输物理层的安全服务只限于对付被动威胁，能应用于点对点、多对等实体通信。

2. 机制

物理层上主要的安全机制是数据流加密，它借助于一个操作透明的加密设备来提供。物理层保护的目标是保护整个物理服务数据比特流，并提供通信业务流的机密性。

(二)数据链路层

1. 服务

数据链路层提供下列安全服务：连接机密性和无连接机密性。

2. 机制

数据链路层中的安全服务由加密机制来提供。

(三)网络层

1. 服务

网络层提供下列安全服务：数据原发鉴别、对等实体鉴别、访问控制、连接机密性、无连接机密性、通信业务流机密性、无连接完整性、不带恢复的连接完整性。这些安全服务可以由网络层单独提供，也可以联合其他功能层一起提供。

2. 机制

网络层的安全服务由以下机制提供：数据原发鉴别服务由加密或签名机制提供；对等实体鉴别服务由密码鉴别交换、受保护口令交换与签名机制等提供；访问控制服务由特定的访问控制机制提供；连接机密性服务由加密机制和路由选择控制机制提供；无连接机密性服务由加密机制与路由选择控制机制提供；通信业务流保密服务由通信业务填充机制和路由选择控制机制提供；无连接完整性服务由数据完整性机制和加密机制提供；不带恢复的连接完整性服务由数据完整性机制和加密机制提供。

网络层中的访问控制能够为多种目的服务。例如，它允许终端去控制网络连接的建立和拒绝不需要的呼叫，也允许一个或多个子网去控制网络层资源的使用。在某些情况下，允许子网控制网络资源与使用网络的费用有关。通过控制访问和选取反向付费或其他网络特定参数能使费用降到最低限度。不过，访问控制的隔离程度相当粗糙，只能在网络层实体之间进行区分。

(四)运输层

1. 服务

运输层上单独或联合其他层提供下列安全服务：数据原发鉴别、对等实体鉴别、访问控制、连接机密性、无连接机密性、带恢复的连接完整性、不带恢复的连接完整性、无连接完整性。

2. 机制

运输层的安全服务由以下机制提供：数据原发鉴别服务由加密或签名机制提供；对等实

体鉴别服务由密码鉴别交换、受保护口令交换与签名机制等提供；访问控制服务由特定的访问控制机制提供；连接机密性服务由加密机制提供；无连接机密性服务由加密机制提供；带恢复的连接完整性服务由数据完整性机制和加密机制提供；不带恢复的连接完整性服务由数据完整性机制和加密机制提供；无连接完整性服务由数据完整性机制和加密机制提供。

(五)会话层

1. 服务

会话层提供下列安全服务：对等实体鉴别、数据原发鉴别、连接机密性、无连接机密性、选择字段机密性、通信业务流机密性、带恢复的连接完整性、不带恢复的连接完整性、选择字段连接完整性、无连接完整性、数据原发证明的抗抵赖、交付证明的抗抵赖。

2. 机制

会话层的安全服务由下列安全机制提供：对等实体鉴别服务由语法变换机制提供；数据原发鉴别服务由加密或签名机制提供；连接机密性服务由加密机制提供；无连接机密性服务由加密机制提供；选择字段机密性服务由加密机制提供；通信业务流机密性服务由加密机制提供；带恢复的连接完整性由数据完整性机制和加密机制配合提供；不带恢复的连接完整性服务由数据完整性机制和加密机制配合提供；选择字段连接完整性服务由数据完整性机制和加密机制配合提供；无连接完整性服务由数据完整性机制和加密机制配合提供；选择字段无连接完整性服务由数据完整性机制和加密机制配合提供；数据原发证明的抗抵赖服务由数据完整性、签名与公证机制的适当结合来提供；交付证明的抗抵赖服务由数据完整性、签名与公证机制的适当结合来提供。

(六)表示层

1. 服务

表示层提供下列安全服务：对等实体鉴别、数据原发鉴别、连接机密性、无连接机密性、选择字段机密性、通信业务流机密性、带恢复的连接完整性、不带恢复的连接完整性、选择字段连接完整性、无连接完整性、数据原发证明的抗抵赖、交付证明的抗抵赖。

2. 机制

表示层的安全服务由下列安全机制提供：对等实体鉴别服务由语法变换机制提供；数据原发鉴别服务由加密或签名机制提供；连接机密性服务由加密机制提供；无连接机密性服务由加密机制提供；选择字段机密性服务由加密机制提供；通信业务流机密性服务由加密机制提供；带恢复的连接完整性由数据完整性机制和加密机制配合提供；不带恢复的连接完整性服务由数据完整性机制和加密机制配合提供；选择字段连接完整性服务由数据完整性机制和加密机制配合提供；无连接完整性服务由数据完整性机制和加密机制配合提供；选择字段无连接完整性服务由数据完整性机制和加密机制配合提供；数据原发证明的抗抵赖服务由数据完整性、签名与公证机制的适当结合提供；交付证明的抗抵赖服务由数据完整性、签名与公证机制的适当结合提供。

(七)应用层

1. 服务

应用层单独或联合其他层提供下列安全服务:对等实体鉴别、数据原发鉴别、访问控制、连接机密性、无连接机密性、选择字段机密性、通信业务流机密性、带恢复的连接完整性、不带恢复的连接完整性、选择字段连接完整性、无连接完整性、选择字段无连接完整性、数据原发证明的抗抵赖、交付证明的抗抵赖。

2. 机制

应用层中的安全服务由下列机制提供:对等实体鉴别服务由在应用实体之间传送的鉴别信息来提供,这些信息受到表示层或较低层的加密机制的保护;数据原发鉴别服务由使用签名机制或较低层的加密机制提供;访问控制服务由在应用层中的访问控制机制与在较低层的访问控制机制联合提供;连接机密性服务通过使用一个较低层的加密机制提供;无连接机密性服务通过使用一个较低层的加密机制提供;选择字段机密性服务通过使用在表示层上的加密机制提供;通信业务流机密性服务通过使用在应用层上的通信业务填充机制并配合一个较低层上的机密性服务提供;带恢复的连接完整性服务通过使用一个较低层的数据完整性机制提供;不带恢复的连接完整性服务通过使用一个较低层的数据完整性机制提供;选择字段连接完整性服务通过使用表示层上的数据完整性机制提供;无连接完整性服务通过使用一个较低层的数据完整性机制提供;选择字段无连接完整性服务通过使用表示层上的数据完整性机制(有时配合上层加密机制)提供;数据原发证明的抗抵赖服务通过签名机制与较低层的数据完整性机制的适当结合来提供,并与第三方公证相配合;交付证明的抗抵赖服务通过签名机制与较低层数据完整性机制的适当结合来提供,并与第三方公证相配合。

如果一种公证机制被用来提供抗抵赖服务,它将作为可信任的第三方起作用。为了解决纠纷,它可以由一个用数据单元的传送形式中继的数据单元记录,使用较低层提供的保护服务。

第三节　安全策略

计算机网络安全的整个领域既复杂又广泛,恰当的安全策略应把注意力集中到网络管理者或使用者最关注的那些方面。也就是说,安全策略应该在实质上表明安全范围内什么是允许的,什么是不允许的。

策略通常是一般性的规范,只提出相应的重点,而不确切地说明如何达到所要的结果。因此,策略属于安全技术规范的最高一级。如何实现策略与具体应用的紧密结合,在开始阶段是完全不清楚的,一般来讲,最好的办法是让此策略经受一个不断精确化的改进过程,每个阶段根据实际应用的具体实施增加更多的细节。

一、安全策略的分类

安全策略分为基于身份的安全策略和基于规则的安全策略两种。

基于身份的安全策略是过滤对数据或资源的访问。基于身份的策略有两种执行方法，这取决于信息的访问权是为访问者所拥有，还是为被访问数据所拥有。若访问权为访问者所有，典型的做法为特权标志或特殊授权，即仅为用户及相应活动进程进行授权。若为访问数据所有，则可以采用访问控制表（ACL）。这两种情况中，数据项的大小有很大的变化。数据按权力命名，也可以带有自己的 ACL。

基于规则的安全策略是指建立在特定的、个体化属性之上的授权准则，授权通常依赖于敏感性。在一个安全系统中，数据或资源应该标注安全标记，而且用户活动应该得到相应的安全标记。标记的概念在通信中非常重要。标记可以附带属性指示其敏感性，设置定时与定位性质，说明处理与分配的特性，以及提出对终端的特定要求。带有属性的标记有很多形式，包括：发起通信的进程与实体；响应通信的进程与实体；通信期间要移动的数据项；通信期间用到的信道和其他资源。

这些形式都可以用其属性来标记。安全策略必须指明属性的使用方式，从而提供必要的安全性能。为了对特别标记的属性建立适当的安全措施，还需要进行协商。当安全标记同时附加给访问进程和被访问数据时，应用基于身份访问控制所需的附加信息也应该作为与之相关的标记。在鉴别时，需要识别发起和响应通信实例的进程或实体，特别是它们带有的属性，所以安全管理信息库（SMIB）应包含足够的信息来说明这些属性。

当安全策略是建立在访问数据用户的身份之上时，安全标记应该包含有关该用户的身份信息。用于特定标记的规则应该在安全管理信息库的某安全策略中得到体现，必要情况下还应与终端协商。

通信事例中数据传递时，每个数据项都与其标记紧紧地结合在一起，在某些基于规则的实例中，还要求将标记做成数据项的一个特别部分，一同完成交付应用。同时，利用数据项完整性技术保证数据项与标记的准确性及耦合性。这些属性的最终目的是为 OSI 基本参考模型数据链路层中的路由选择控制功能所使用。

基于身份和规则的安全策略都建立在授权概念之上，这是因为所有威胁都与授权行为或非授权行为有关。在安全策略中包含有对“什么构成授权”的说明，即使是一般性的安全策略，也应明确说明“未经适当授权的实体，信息不可以给予、不可以被访问、不允许引用，任何资源也不得为其所用”。基于身份的安全策略，通常是一组针对一般属性或敏感实体的规则，基于规则的策略则涉及在特定的、个体化属性之上建立授权准则。

需要说明的是，部分属性与应用实体的关联是稳定不变的，也存在一些属性可以传送给另外的实体，如权力的移交。因此，授权服务分为行政管理强加的授权服务与动态选取的授权服务两种类型。

一个安全策略将确定系统安全要素，这些要素的共同特征是具有可用性和有效性，此外还需在合适时间点对系统安全要素进行选择。

二、安全策略的配置

开放式网络环境下用户的合法利益通常受到两种方式的侵害，即主动攻击和被动攻击。主动攻击包括对用户信息的篡改、删除、伪造，对用户身份的冒充，对合法用户访问的阻止；被动攻击包括对用户信息的窃取、对信息流量的分析。根据用户对安全的需求可以采用以下保护方式：

①身份认证：检验用户的身份是否合法，防止身份冒充，对用户实施访问控制。

②数据完整性鉴别：防止用户数据被伪造、修改和删除。

③信息保密：防止用户的信息被泄露、窃取，保护用户的隐私。

④数字签名：防止用户否认对数据所做的处理。

⑤访问控制：对用户的访问权限进行控制。

⑥不可否认性：也称不可抵赖性，即防止对数据操作的否认。

三、安全策略的实现原则

根据用户具体的安全需求，开放式网络环境下安全策略的实现必须遵循以下原则。

(一)层次性

同样的安全策略在不同的网络协议层中实现，实现的效果不同，必须根据用户对安全的需要决定。安全策略在协议各层的应用见表2—1。

表2—1　安全策略在协议各层的应用

协议堆栈层	针对的实体	可使用的安全策略	用途
应用层	用户或具体的服务程序	数字签名、访问控制、身份认证、消息完整性验证、信息加密	防止用户身份被冒充；防止数据被篡改、泄露；对用户权限进行控制
TCP/UDP层	端进程	身份认证、消息完整性验证、消息加密、访问控制	防止非法命令的执行；防止数据被篡改、泄露
IP层	主机	身份认证、数据加密、数据完整性验证、访问控制	防止对数据报的篡改、窃取；防止非法站点的访问
网络接口层	端系统	数据加密	防止信息被窃取

从表2—1中看出，数字签名只能在应用层实现，因为它的目的是防止用户对信息访问的抵赖；而身份认证、信息完整性验证和访问控制可以应用在许多层，从上到下保护的力度、作用的范围逐渐增大；信息加密根据用户的需要应用在任何一层。如果要针对某一部分数

据，而不是所有的数据加密，则应当考虑在应用层实现数据加密策略。如果要对终端输出的所有数据加密，则应当在网络接口层或IP层实现数据加密策略。安全策略分层应用有利于具体环境下安全保护的实施，节省不必要的开销。

（二）独立性

实施安全策略所采用的密钥体制、证书管理模式、密钥管理方法、数据加密算法和身份认证方法应独立于整个安全体系结构。不同的主机、不同的应用实体和不同的协议堆栈层次采用不同的实现方法，终端之间可通过安全协商来建立一致的安全策略和协作方式。

（三）多样性

多个用户、进程或主机可针对某一个用户、进程或主机使用同样的安全策略；某一个用户、进程或主机也可以对多个用户、进程或主机建立不同的安全策略，可以同时验证用户、进程和主机的身份，对不同层次都实现访问控制；也可以只对某一层实现访问控制。例如，为了保持IP协议的动态路由、负载自动平衡和网络重构的特性，必须保证每个数据报是独立的，可自由选择路由。因此，对IP层进行安全保护时，不能限制数据报的目的地址为某个固定值。如果中间结点是防火墙的堡垒主机，那么终端所增加的安全策略不能影响防火墙原有的安全策略。安全策略的实施应考虑实际的网络特性和环境，灵活多样地应用于网络协议堆栈中。

（四）可管理性

终端采用的安全策略应该是可配置的，要向用户和管理人员提供方便、简洁、一致的管理接口。管理分为手工管理和自动管理，而在Internet大规模网络环境中应采用自动管理的方式。

（五）安全性

安全策略是一个整体的概念，在不同层次上采用的安全策略不能相互矛盾或颠倒次序，造成安全漏洞。例如，为了提供数据完整性保护，数据加密要求在取消息摘要之后进行。访问控制和身份认证是相辅相成的，只有身份认证合法后，才能实施有效的访问控制。数据完整性和身份认证也是相辅相成的，单独实现其中一种安全策略没有太大的意义。

四、安全策略的实现框架

安全策略的实现涉及以下几个主要部分。

（一）证书管理

证书管理主要是指公开密钥证书的产生、分配、更新和验证。公开密钥证书用于身份认证、数字签名和后继会话密钥的生成。证书管理的实质是终端系统通过可信的第三方建立相互之间的信任关系。因此证书管理是实现安全策略的基础。

（二）密钥管理

密钥管理包括密钥的产生、协商、交换和更新。其目的是在通信的终端系统之间建立实现安全策略所需的共享密钥。密钥管理涉及不同的密钥体制、不同的密钥协商协议、不同的密钥更新方法。

(三)安全协作

安全协作是在不同的终端系统之间协商建立共同采用的安全策略,包括安全策略实施所在层次;具体采用的认证、加密算法和步骤;如何处理差错。

(四)安全算法实现

安全算法实现指具体算法的实现,如 DES、RSA 等。

(五)安全策略数据库

安全策略数据库指保存与具体建立的安全策略有关的状态、变量、指针。

证书管理、密钥管理和安全策略的确定一般都是通过应用层提供的管理接口与用户及安全策略数据库打交道。安全协作可在不同的层次之间进行。根据协商建立的安全策略,具体的安全实现可作用于任何一层。通过查询安全策略数据库来决定如何处理每个接收和发送的消息或数据报。

五、安全策略的实现步骤

开放式网络环境下实现安全策略的步骤如下。

(一)获取必要的证书

为了与其他用户通信和建立安全协作,首先要建立必要的信任关系。在 Internet 上管理证书主要有两种方式:一种是 PEM 集中式层次 CA 管理模式,它是通过树型分层的 CA 来分配和验证证书;另一种是 PGP 分散式 Web 管理模式,它没有固定的 CA 来分配和验证证书,证书的信任关系不依赖于某个组织,而是分散的个人。PGP 模式类似于现有的 Internet 网络结构,但是它的安全性和可信性不能完全保证。PEM 模式能提供彻底的身份认证,但是它的组织结构目前还不适用于 Internet 这样的规模。目前,SSL、IPSEC 等安全协议都是基于 PEM 证书管理模式的,采用 X.509 证书格式,通过 X.500 目录结构提供证书的存储和分配。从发展趋势来看,PEM 证书管理模式必然会被普遍采用。

(二)密钥协商和管理

获取必要的证书后,需要在端系统之间建立共享的会话密钥。通常采用两种方法:一种是采用基于 Diffie－Hellman 算法的密钥协商协议来建立共享的密钥。这种方式建立的密钥作用范围有限,但是密钥保持了向前保密特性(PFS)。由于这种密钥是双方协商建立起来的,因此不能用于数字签名算法中。另一种是采用 RSA 公开密钥体制下的密钥交换协议来建立共享密钥,密钥的建立和身份认证常常是同时完成的。

(三)身份认证

身份认证主要用于数字签名和建立共享密钥。

（四）安全协作的建立

通过一定的协作管理协议来洽谈，通信双方共同采用的密钥管理方式、具体采用的算法、安全策略的应用范围。安全协作包括密钥协商及管理、身份认证。不同的用户、进程和主机之间可建立不同的安全协作方式。

（五）安全的实现

在安全协作的基础上实现具体的安全策略，具体的实现可作用在每个协议层上。各层之间是相互独立的，但是它们要遵循一致的安全策略。

当用户的安全策略设置完成后，终端系统应该能自动完成证书获取、身份认证、密钥管理和协商、安全协作的建立和安全策略的具体实现等步骤。尽量保持原有系统和网络的特性，尤其要减少用户对安全实现细节的干预。在保证安全的前提下，尽量在网络协议的下层实现安全策略，这样做有两个优点：①安全策略的实现独立于上层的应用程序，可为不同的应用和服务提供安全保证而不必修改原有的程序；②可及时发现外来的攻击和破坏，减少不安全因素向上层协议的传播，提高策略实现的效率。

第四节　安全管理

为保证网络安全、可靠运行，必须进行网络管理。网络管理的主要任务是对网络资源、网络性能和密钥进行管理，对访问进行控制，对网络进行监视，负责审计日志和数据备份。

一、人员管理

提高网络应用系统安全性的方向是增加技术因素，减少人为因素。但是人为因素不可能完全消除，因此对人员的管理也是一个非常重要的环节。应当结合机房、硬件、软件、数据和网络各个方面的安全问题，对工作人员进行安全教育，提高工作人员的保密观念；加强业务、技术的培训，提高操作技能；教育工作人员严格遵守操作规程和各项保密规定，防止人为安全事故的发生。

二、密钥管理

密钥管理是网络安全的关键。目前公认有效的方法是通过密钥分配中心 KDC 来管理和分配密钥，所有用户的公开密钥都由 KDC 来进行管理保存。每个用户只保存自己的私有密钥 S_K 和 KDC 的公开密钥 P_{KKDC}。当用户需要与其他用户联系时，可以通过 KDC 来获得其他用户的公开密钥。

用户 A 用 P_{KKDC} 加密需要用户 B 的公开密钥的请求，KDC 用私有密钥 S_{KKDC} 进行解密，从而知道 A 的需求；KDC 用私有密钥 S_{KKDC} 加密用户 B 的公开密钥传送给用户 A，用户

A 用 P_{KKDC} 解密得到用户 B 的公开密钥；然后用户 A 即可和用户 B 进行联系。

KDC 的作用由各局域网的服务器来完成。各用户公开密钥保存在一个加密文件中，当用户需要时，根据用户的身份判断其能否得到该密钥。

三、审计日志

网络操作系统及网络数据库系统都应具有审计功能，产生的审计日志主要由网络管理人员进行检查，从而及时掌握网络性能及网络资源的运行情况，及时发现错误，纠正错误，对网络进行进一步完善。

四、数据备份

数据备份是增加系统可靠性的重要环节。由网络管理人员定期对信息进行备份，当系统瘫痪时，将损失降低到最小；当系统修复时，及时恢复数据。

五、防病毒

防病毒是计算机安全的一项重要内容。防病毒的第一步是加强防病毒观念，因此必须提高每一位工作人员的防病毒意识，减少病毒侵入的机会；同时利用杀毒软件及时消灭病毒，防止病毒入侵而导致系统崩溃。

如何保证网络应用系统的安全是复杂的问题。我们必须认识到“没有绝对安全的网络”这一事实，任何一种网络安全技术都不能完全解决网络安全问题，因此我们只能综合采用各种安全技术来减少网络攻击风险。同时还要考虑一些非技术因素，如制定法规，提高网络管理使用人员的安全意识，设置一些切实可行的防范措施。

第五节　网络安全评估标准

随着计算机安全问题逐渐被人们所重视，如何评价计算机系统的安全性，建立一套完整客观的评价准则成为人们关心的热点。20 世纪 80 年代，美国国防部提出了一套《可信计算机评估标准》(TCSEC)，又称“桔皮书”。它将计算机系统的可信程度，即安全等级划分为四大类(D、C、B、A)七个小类，其中 D 级的安全性最低，A 级的安全性最高。评估标准包括从最简单的系统安全特性直到最高级的计算机安全模型技术。为了使《可信计算机评估标准》中的评价方法适用于网络，美国国家计算机安全中心又出版了《可信网络解释》(TNI)，从网络角度解释了《可信计算机评估标准》中的观点。

《可信网络解释》明确了《可信计算机评估标准》中未涉及的网络及网络单元的安全特性，并阐述了这些特性如何与《可信计算机评估标准》相匹配。

一、D级

D级是最低的安全形式，拥有这个级别的操作系统像一个门户大开的房子，任何人可以自由进出，因而是完全不可信的。对于硬件来说，D级没有任何保护措施，操作系统容易受到损害，没有系统访问和数据访问限制，任何人不需任何账户就可以进入系统，不受任何限制访问他人的数据文件。属于这个级别的操作系统有DOS、Windows、Apple的Macintosh 7.1。

二、C1级

C级有两个安全子级别分别是C1和C2。C1级又称选择性安全保护系统，它描述了一种典型的用在UNIX系统的安全级别。这种级别的系统对硬件有某种程度的保护，但硬件仍然存在受到损害的可能性。用户拥有注册账号和口令，系统通过账号和口令来识别用户是否合法，并决定用户对程序和信息拥有什么样的访问权。文件的拥有者和超级用户可以改动文件中的访问属性，从而对不同的用户给予不同的访问权，如让文件拥有者有读、写和执行的权力，给同组用户读和执行的权力，而给其他用户以读的权力。另外，许多日常的管理工作由用户来完成，如创建新的组和用户。根用户拥有很大的权力，所以它的口令一定要保存好，不能几个人共享。

C1级保护的不足之处在于用户直接访问操纵系统的根用户。C1级不能控制进入系统的用户的访问级别，所以用户将系统中的数据任意移动，他们可以控制系统配置，获取比系统管理员允许的更高权限，如改变和控制用户名。

三、C2级

除了C1包含的特征外，C2级别还包含有访问控制环境。该环境具有进一步限制用户执行某些命令或访问某些文件的权限，而且还加入了身份验证级别。另外，系统对发生的事件进行审计，并写入日志当中，如什么时候开机，哪个用户从哪登录，这样通过查看日志，就可以发现入侵的痕迹，如从多次登录失败大致推测出可能有人想强行闯入系统。可以记录下系统管理员执行的活动，还加有身份验证，可以知道谁在执行这些命令。审核的缺点在于它需要额外的处理器时间和磁盘资源。

使用附加身份认证可以让一个C2系统用户，在不是根用户的情况下有权执行系统管理任务。不要把这些身份验证和应用于程序的SGID与SUID相混淆，身份认证可以用来确定用户是否能够执行特定的命令或访问某些核心的表，例如，当用户无权浏览进程表时，他若执行PS命令就只能看到它们自己的进程。授权分级使系统管理员能够给用户分组，授予他们访问某些程序的权限或访问分级目录。

另一方面,用户权限以个人为单位授权用户对某一程序所在目录进行访问。如果其他程序和数据也在同一目录下,用户也将自动得到访问这些信息的权限。

能够达到C2级的常见操作系统有:UNIX系统、Novell 3.x或更高版本、Windows NT。

四、B1级

B级中有三个级别,即B1级、B2级及B3级。B1级即标志安全保护是支持多级安全的第一个级别,这个级别说明一个处于强制性访问控制下的对象,系统不允许文件的拥有者改变其许可权限。

B1级安全措施的计算机系统,随着操作系统而定。政府机构是B1级计算机系统的主要拥有者。

五、B2级

B2级又称结构保护,要求计算机系统中所有的对象都加标签,而且要给设备分配单个或多个安全级别。它是提出较高安全级别的对象与另一个较低安全级别的对象如何通信的第一个级别。

六、B3级

B3级也称安全域级别,使用安装硬件的方式来加强域,例如,内存管理硬件用于保护安全域免遭无授权访问或其他安全域对象的修改。该级别也要求用户通过一条可信任途径连接到系统上。

七、A级

A级或验证设计级最高级别,包括一个严格的设计、控制和验证过程。与前面提到的级别一样,这一级别包含较低级别的所有特性。设计必须是从数学角度经过验证的,而且必须进行秘密通道和可信任分布的分析。可信任分布指硬件和软件在物理传输过程中已经受到了保护,以防止破坏安全系统。

第三章　计算机系统安全防护技术

第一节　系统安全防护技术概述

由于网络的开放性以及网络攻击现象的客观存在，网络系统面临着很大的安全威胁，必须采取有效的安全防护措施来增强网络系统的安全性，提高抵御各种网络攻击的能力。

系统安全防护技术是保护网络系统的第一道安全屏障，也是基本的网络系统安全防护措施，其目的是保证合法的用户能够以规定的权限访问网络系统和资源，防止未经授权的非法用户入侵网络系统，窃取信息或破坏系统。

系统安全防护技术主要提供以下安全机制。

①用户身份的可鉴别性。对请求登录系统的用户身份进行验证和鉴别，只允许经过注册的合法用户登录系统，而拒绝未经注册的非法用户登录系统，主要通过身份鉴别技术来实现。

②系统访问的可控性。对用户访问网络系统和资源进行控制，使得合法用户登录系统后，只能以规定的权限访问网络系统和资源，而拒绝超越权限的访问，主要通过访问控制技术来实现。

③用户操作的可追溯性。对系统中的用户操作和安全事件进行记录与分析，从中发现系统中可能存在的违规操作、异常事件、攻击行为以及系统漏洞等，对所发生的安全事件进行取证和追溯，主要通过安全审计技术来实现。

④网络访问的可控性：对外部用户访问内部网资源进行控制，使外部网和内部网之间既保持连通性，又不直接交换信息，外来的数据包必须经过安全检查后才能转发到内部网，防止非法用户入侵内部网，主要通过防火墙技术来实现。

系统安全防护技术主要有身份鉴别技术、访问控制技术、安全审计技术以及防火墙技术等，综合运用这些系统安全防护技术，构建起基本的网络安全环境。

第二节　身份鉴别技术

一、身份鉴别的基本原理

在现实的社会和经济生活中，每个人都必须具有能证明个人身份的有效证件，如身份证、护照、工作证、驾驶执照和信用卡等，身份证件上应当包括个人信息（如姓名、性别、出生年月、住址等）、个人照片、证件编号和权威发证机构签章等，目的是防止身份假冒和欺诈。

下面是几种典型的身份欺诈法。

（一）象棋大师问题

A 不懂象棋，但可向象棋大师 B 和 C 同时发出挑战。比赛在同一时间和地点，但不在同一房间进行，并且 B 和 C 之间互不见面。A 与 B 之间，A 执黑棋，B 执白棋；A 与 C 之间，A 执白棋，C 执黑棋。首先 B 执白棋先下一步，A 记住后走到另一个房间下同样一步，然后等待 C 执黑棋下一步，A 记住后又去对付 B，以此类推。其比赛结果可能是：A 赢一盘并输一盘或者两盘均平局。这是一种中间人欺诈。

（二）黑手党骗局

A 在一家由黑手党成员 B 开设的饭馆吃饭，黑手党另一个成员 C 正在 D 的珠宝店买珠宝，B 和 C 之间有秘密的无线通信联络，而 A 和 D 并不知道其中有诈。A 向 R 证明 A 的身份并准备付账，B 向 C 发出信号准备实施欺诈活动。A 向 B 证明身份，B 用无线通信告诉 C，C 向 D 执行同样的协议，D 向 C 询问问题时，C 经 B 向 A 询问同一问题，B 再将 A 的回答告诉 C，C 再回答 D。实际上，经过 B 和 C 两个中间人完成 A 向 D 的身份证明，实现了 C 向 D 购买了珠宝，而把账记在 A 的账户上。这是一种中间人 B 和 C 合伙的欺诈。

（三）恐怖分子欺诈

假设 R 是一名恐怖分子，A 要帮助 B 进入某个国家，C 是该国移民局官员。A 和 B 之间有秘密的无线通信联络，合伙欺骗 C。C 向 B 询问问题时，B 用无线通信告诉 A，再由 B 复述给 C。实际上，A 向 C 证明身份，C 认为 B 是 A 并允许入境。这是一种 A 和 B 合伙的欺诈。

（四）多身份欺诈

A 首先创建多个身份并公布，其中之一他从未使用过。然后以该身份作案，并只用一次，除了目击者外无人知道犯罪人的真实身份，并且由于 A 不再使用该身份，因此 A 很难被发现。这就是多个身份的欺诈。

为了防止身份欺诈，必须采用有效的身份认证系统对身份进行严格的验证和鉴别。身份认证系统有两方认证和三方认证两种形式。两方认证系统由申请者和验证者组成，申请者出示证件，提出某种要求；验证者检验申请者所提供证件的合法性和有效性，以确定是否满足要求。三方认证系统除了申请者和验证者外，还有一个仲裁者，由双方都信任的人充当纠纷的仲裁者和调节者。另外，在身份认证系统中还有一方，即攻击者，他可以伪装为申请者，骗取验证者的信任。

身份认证也称实体认证。它与消息认证的差别在于，消息认证本身不提供时间性，而实体认证一般都是实时的。另外，实体认证通常是证实实体本身，而消息认证除了证实消息的合法性和完整性外，还要知道消息的含义。因此，身份认证系统的基本要求如下所述。

①可识别率最大化。验证者正确识别合法申请者身份的概率最大化。

②可欺骗率最小化。攻击者伪装申请者欺骗验证者的成功率要小到几乎可以忽略的程度。

③不可传递性。验证者不可能用申请者提供的信息来伪装申请者,以骗取其他人的验证,并得到信任。

④计算有效性。实现身份认证所需的计算量要小。

⑤节省通信带宽。实现身份认证所需的通信次数和数据量要小。

⑥安全存储。实现身份认证所需的秘密参数能够安全地存储。

⑦相互认证。有些应用场合要求双方能够互相进行身份认证。

⑧第三方可信赖性。第三方必须是双方都信任的人或组织。

⑨第三方在线服务。第三方提供实时在线认证服务,如网上证书查询服务等。

⑩系统可信性。身份认证系统所使用的算法的安全性是可证明的,也是可信任的。

身份鉴别主要通过身份认证系统来实施。一般操作系统都提供了基于用户名和口令(Password)的身份鉴别技术,这也是最常用的身份鉴别方法。在电子银行、电子证券、电子商务等电子交易系统中,则需要更复杂、更安全的用户身份证明和鉴别机制,如一次性口令、UKey、数字证书、个人特征等。

二、基于口令的身份鉴别技术

口令是一种根据已知事物验证身份的方法,也是最广泛应用的身份鉴别技术。在一般的计算机系统中,通常口令由5～8个字符串组成,其选择原则是易记忆、难猜中和抗分析能力强。同时,还要规定口令的选择方法、使用期限、口令长度及其分配、管理和存储方法等。

在计算机操作系统中,口令是一种最基本的安全措施。每个用户都要预先在系统中注册一个用户名和口令,以后每次用户登录时,系统都要根据用户名及其口令来验证用户身份的合法性,对于非法的口令,系统将拒绝该用户登录系统。

口令可以由用户个人选择,也可以由管理员分配或系统自动产生。对于后者,不仅管理员知道用户的口令,而且还存在口令分发的中间环节,容易产生口令泄露问题,引起纠纷。在一般情况下,口令最好由用户个人选择。

防止口令泄露是保证系统安全的关键环节。口令泄露主要有以下五个方面原因:①用户保管不善或被攻击者诱骗而无意中泄露;②在操作过程中被他人窥视而泄露;③被攻击者推测猜中而泄露;④在网上传输未加密口令时被截获而泄露;⑤在系统中存储时被攻击者分析出来而泄露。

防止口令泄露的主要措施有:①用户必须妥善地保管自己的口令;②口令应当足够长,并且最好不要使用诸如名字、生日、电话号码等公开的和规律性的信息作为口令,以防止口令被攻击者轻易地猜中;③口令应当经常更换,最好不要长期固定不变地使用一个口令;④口令必须加密后才能在网络中传输或在系统中存储,并且口令加密算法具有较高的抗密码分析能力;⑤在安全性要求较高的应用场合应当采用一次性口令技术,即使口令被攻击者截获,下次也不能使用。

从技术的角度,口令认证系统必须提供口令存储、传输、验证以及管理等措施。

(一)口令存储

通常,口令不能以明文形式存储在计算机系统中,必须通过加密才能存储。例如,UNIX系统中采用DES密码算法对口令进行加密存储,它以用户口令的前8个字符作为DES的密钥,对一个常数进行加密,经过25次迭代后,将所得的64位结果变换成11个可打印的字符串,并存储在系统的字符表中。

根据有关的实验研究表明,使用穷举搜索法从95个可能的打印字符中筛选出4个字符只需二十几个小时。因此,口令长度小于5个字符是不安全的。

很多系统采用单向散列函数对口令加密存储,即使攻击者得到散列值,也无法推导出口令的明文。

(二)口令传输

在网络环境下,口令认证系统通常采用客户/服务器模式。由服务器统一管理网络用户的账户,对用户身份进行验证。这时,用户从客户机上输入的口令要传送到服务器上进行验证。为了解决口令在网上传输过程中的泄露问题,通常采用双方默认的加密算法或单向散列函数对口令加密后再传输。

(三)口令验证

口令认证系统得到用户输入的口令后,与预先存储的该用户口令相比较,如果两者一致,则该用户的身份得到了验证。在某些系统中,需要双方相互验证,不仅系统要验证用户的口令,用户也要求验证系统的口令,只有双方的身份都通过验证后,才能开始执行后续的操作。

(四)口令管理

在网络操作系统中,通常为管理员提供了口令管理工具,可以用来对用户口令设置一些限制性措施,如口令最小长度、定期改变的周期、口令唯一性,以及口令到期后宽限登录次数、尝试登录次数等。

在一些系统中,为了解决口令短而带来的不安全问题,采用了在短口令后填充随机数的方法,例如在一个4个字符的口令后填充40位随机数,构成一个较长的二进制序列进行加密处理,大大提高了口令的安全性。

三、基于一次性口令的身份鉴别技术

在网络信息系统中,通常采用基于远程登录的身份认证系统对用户身份进行验证和鉴别。首先,用户需要进行用户注册,输入用户名和口令,并通过网络将用户信息传输到远程身份认证系统上,成为该系统的合法用户。在用户登录时,需要输入用户名和口令,并传输到远程身份认证系统上,身份认证系统对用户身份进行验证和鉴别,如果是合法用户,则允许登录,否则拒绝登录。

在开放的网络环境中传输用户名和口令等用户信息时,存在着用户信息被窃听和泄露的安全风险。因此需要采取必要的安全措施来保护用户信息,防止信息被盗。

目前普遍采用基于一次性口令的身份鉴别技术对用户信息进行保护,一次性口令技术的核心是通过单向散列函数来保护用户口令,使网络上传输的信息为密文,并且每次登录所传输的密文都是不相同的,即口令密文一次一改变,大大提高了口令传输的安全性。

下面举例说明两种远程身份认证过程的安全性。

(一)基于未加保护的身份认证过程

①用户注册。客户端提示用户输入用户名和口令,用户信息以明文方式传输到远程身份认证系统上,成为该系统的合法用户。

②用户登录。客户端提示输入用户名和口令,用户信息以明文方式传输到远程身份认证系统上。

③身份鉴别。身份认证系统与所注册的用户名和口令进行比较,如果相同,说明是合法用户,否则为非法用户。

④鉴别结果。如果是合法用户,则允许登录,否则拒绝登录。身份认证系统将鉴别结果返回给客户端。

由于以明文方式传输用户信息,存在着用户信息被窃听的安全风险。如果有人利用网络监听工具窃取到用户名和口令,则可以假冒用户身份入侵用户账户,给用户带来不期望的后果。

(二)基于一次性口令的身份认证过程

①用户注册。客户端提示用户输入用户名和口令,并对用户口令做单向散列函数计算,生成一个用户口令散列值,然后以密文方式传输到远程身份认证系统上,成为该系统的合法用户。

②用户登录。客户端提示用户输入用户名和口令,同时还要输入所显示的验证码。客户端首先对用户口令做单向散列函数计算,其结果再与验证码做单向散列函数计算,生成一个散列值(称为客户端散列值),然后传输到远程身份认证系统上。

③身份鉴别。身份认证系统使用用户口令散列值和验证码做相同的单向散列函数计算,生成一个散列值(称为服务器端散列值),然后与客户端散列值进行比较,如果两者相同,则说明是合法用户,否则为非法用户。

④鉴别结果。对于合法用户，则允许登录，否则拒绝登录。身份认证系统将鉴别结果返回给客户端。

由于每次验证码都是不同的，计算出的散列值也不相同，因此每次网络传输的散列值都是不相同的。一方面由于单向散列函数的性质，从散列值推测出原始口令是不可能的；另一方面，由于每次登录时所生成的散列值都不相同，通过寻找规律性来破解口令也是非常困难的。因此，这种一次性口令认证系统具有较高的安全性，能够有效地防止口令窃听和传输泄露问题。

四、基于 USB Key 的身份鉴别技术

基于 USB Key 的身份鉴别技术是近几年发展起来的一种使用方便、安全可靠的身份鉴别技术。USB Key 是一种基于 USB 接口的小型硬件设备，通过 USB 接口与计算机连接，USB Key 内部带有 CPU 及芯片级操作系统，所有读写和加密运算都在芯片内部完成，能够防止数据被非法复制，具有很高的安全性。

在 USB Key 中存放代表用户唯一身份的私钥或数字证书，利用 USB Key 内置的硬件和算法实现对用户身份的验证与鉴别。每个 USB Key 都有一个用户 PIN 码，以实现双因子认证功能，并且用户私钥等信息是在 USB Key 内部产生的，不能导出到 USB Key 外部，防止了用户信息的泄露。在基于 USB Key 的用户身份认证系统中，主要有两种应用模式：基于挑战—响应的认证模式和基于 PKI 的认证模式，以实现不同的用户身份认证体系。

USB Key 的最大特点是安全性高，技术规范一致性强，操作系统兼容性好，携带使用灵活方便。USB Key 提供比口令认证方式更加安全且更易于使用的用户身份鉴别方式，在不暴露任何关键信息的情况下就可实现用户身份鉴别。

五、基于数字证书的身份鉴别技术

数字证书是标识一个用户身份的一系列特征数据，其作用类似于现实生活中的身份证。最简单的数字证书包含一个公钥、用户名以及发证机关的数字签名等。通过数字证书和公钥密码技术可以建立起有效的网络实体认证系统，为网上电子交易提供用户身份认证服务。

ISO 定义了一种实体认证框架，也称 X.509 协议。它提供了网间实体认证功能，允许选择和使用包括 RSA 算法在内的多种加密和散列函数来实现认证功能。在 X.509 协议中，最重要的部分是规定了一种数字证书格式，称为 X.509 证书。

具体内容如下所述：

①版本号：证书的版本号。

②序列号：每个证书都有一个唯一的证书序列号。

③算法标识：对证书签名的算法及其参数，如 RSA 算法等。

④发行机构名称：证书发行机构 CA 的名称，命名规则一般采用 X.500 格式。

⑤有效期：证书有效的时间段，由起始日期和终止日期组成。

⑥用户名：证书所有人的名称，命名规则一般采用 X.500 格式。

⑦用户公钥信息：证书所有人的公钥信息，包括算法、参数和公钥。

⑧签名：CA 对证书的签名。

数字证书是由权威的证书发行机构 CA 发放和管理的。

数字证书发放过程如下：首先用户产生了自己的密钥对，然后将公钥及有关个人身份信息传送给认证中心。CA 在核实用户身份后，发给该用户一个含有 CA 签名的数字证书，表示 CA 对该用户身份及其公钥的认可。当该用户被要求提供身份证明及公钥合法性时，可以提供这一数字证书。

在基于数字证书的身份认证系统中，证书的可信度是非常重要的，它与 CA 的可信度密切相关。如果两个用户持有同一 CA 签发的证书，其证书验证过程比较简单，只需验证证书上的 CA 签名即可。如果两个用户持有不同 CA 签发的证书，其证书验证过程要复杂得多。这需要采用适当的 CA 信任模型来建立 CA 之间的信任关系，可以考虑一种形状结构，顶级是一个根 CA，每个 CA 都要从它的上一级获取证书，并存放由下级 CA 签发的所有证书。

六、基于个人特征的身份鉴别技术

在刑事案件侦破中经常利用人的生理特征来确认一个人的身份。这种基于个人特征的身份鉴别技术具有可信度高、可随身携带、难以伪造等特点。表征个人身份的特征有很多，如容貌、肤色、头发、身材、手印、指纹、脚印、唇印、口音、体味、视网膜、血型、基因(DNA)、笔迹、习惯动作等。在这些个人特征中，有些特征将会随着时间而变化，如容貌、身材、口音等；有些特征将终生不变，如 DNA、视网膜、指纹、血型等。并不是所有的个人特征都适合作为验证个人身份来使用的，有些验证方式难以被人们接受，如唇印、足印等；有些个人特征识别率低，如可变的特征；有些个人特征识别率高，但难以实现或实现成本过高，如血型、DNA 等。因此，基于个人特征的身份验证系统应当具有以下特点：个人特征强、样本易采集、识别率高、实现成本低及易推广使用。下面介绍几种基于个人特征的身份验证技术。

(一)指纹验证

指纹很早就用于侦查破案和契约签订中。由于每个人手指的皮肤纹路图都是不相同的，相同的可能性不到 10^{-10}，而且形状不随时间而变化，指纹提取也非常方便。因此，指纹是一种准确而可靠的身份验证手段，并可以永久地存档。每个手指的纹路可分成两大类：环状和涡状，每类根据细节和交叉等又可分成 50～200 个不同的图样，根据专家或专用仪器对指纹进行分析和鉴别。

计算机指纹自动识别系统是一种基于指纹识别的身份验证系统。它主要由指纹采集器、指纹图样压缩、指纹数据库、指纹检索和指纹识别等部分组成，能够存储数百万个指纹，具有很高的识别率和处理能力，可应用于执法部门、金融机构、证券交易、驾驶执照、社会保险及安全入口等领域的身份验证，效果良好。在市场上还有指纹门锁和门禁系统，可应用于楼宇和家庭保安系统中。

目前，市场上常用的指纹采集器主要有三种类型，即光学式、硅芯片式和超声波式，不同类型的指纹采集器，其指纹识别率、分辨率、可靠性、体积、价格等方面都有所不同。

（二）语音验证

每个人的语音都各有特点，人对语音的识别能力是很强的，即使在有干扰的环境中也能很好地分辨出熟人的声音。因此，语音具有良好的个人特征，可用于个人身份验证。计算机语音识别系统可以有多种用途，如语音输入、身份验证等。在基于语音的身份验证系统中，将每个人的短语语音分解成各种特征参数，并存储在语音数据库中，由于每个人的语音参数不完全相同，因此可以实现个人身份验证。语音识别的差错率一般为0.8%～1.0%。基于语音的身份验证系统在军事和商业等领域中得到一些应用。

（三）视网膜图样验证

人的视网膜血管的图样具有良好的个人特征。人们已研制了这种识别系统，其基本方法是利用电子光学仪器将视网膜血管图样记录下来，然后对图样进行压缩编码，存放在数据库中。根据对图样的结点和分支的分析和检测结果进行分类识别。这种识别系统的识别差错率几乎为0，可靠性很高，但成本也很高，主要用于军事和银行等一些身份验证要求严格的场合。

（四）虹膜图样验证

虹膜是眼球角膜和晶体之间的环形薄膜，其图样具有良好的个人特征，并且可以提供比指纹更加细致的信息。虹膜采样比视网膜采样更加方便，易被人们接受。这种识别系统的识别差错率为1/133 000，可靠性很高，同样成本也很高。可用于安全入口、接入控制、信用卡、ATM机以及护照等领域中的身份验证，市场上已有这样的产品。

在基于个人特征的身份验证技术中还有手写体验证、脸型验证等，并已经研制出相应的产品。这些技术在采样方法、识别差错率、实现成本等方面还存在着这样或那样的问题，有待于进一步的改进和完善。

第三节　访问控制技术

一、访问控制模型

一般的安全模型都可以用一种称为格(Lattice)的数学表达式来表示。格是一种定义在集合 SC 上的偏序关系,并且满足 SC 中任意两个元素都有最大下界和最小上界的条件。在一种多级安全策略模型中,SC 表示有限的安全类集合,其中每个安全类可用一个两元组 (A, C) 来表示,A 表示权力级别(Category)。权力级别共分成 4 级。

0 级:普通级(Unclassified)。

1 级:秘密级(Confidential)。

2 级:机密级(Secret)。

3 级:绝密级(Top Secret)。

对于给定的安全类 (A, C) 和 (A', C'),当且仅当 $A \leqslant A'$,且 $C \leqslant C'$ 时,$(A, C) \leqslant (A', C')$,称 (A, C) 受 (A', C') 的支配。例如,假设一个文件 F 的安全类为{Secret;NATO,NUCLEAR},如果一个用户具有以下的安全类:{Top Secret;NATO,NUCLEAR,CRYPTO},则该用户就可以访问文件 F,因为该用户拥有比文件 F 更高的权力级别,并且在其类别集合中包含了文件 F 的所有类别。如果一个用户的安全类为{Top Secret;NATO,CRYPTO},则该用户就不能访问文件 F,因为该用户缺少 NUCLE-AR 类别。这种多级安全策略模型是对军事安全的抽象,其模型的表示方法被广泛用于其他各种安全模型中。

访问控制模型基于对操作系统结构的抽象,并建立在安全域基础上。一个安全域中的实体被分成两种,即主动的主体和被动的客体,以主体为行,以客体为列,构成一个访问矩阵。矩阵的元素是主体对客体的访问模式,如读、写、执行等。某一时刻的访问矩阵定义了系统当前的保护状态,依据一定的规则,访问矩阵可以从一个保护状态迁移到另一个状态。由于访问控制模型只规定系统状态的迁移必须依据规则,但没有规定具体的规则是什么。因此,访问控制模型具有较大的灵活性。访问控制模型主要有 Graham-Lampson 模型、UCLA 模型、Take-Grant 模型、Bell-Lapadula 模型等,其中影响较大的是 Bell-Lapadula 模型。

Bell-Lapadula 模型的安全策略由自主访问控制和强制访问控制两部分组成。自主访问控制部分用访问矩阵表示,其访问模式除了读、写、执行等外,还附加了控制方式。控制方式是指将客体的访问权限传递到其他主体。强制访问控制部分将多级安全引入访问矩阵的主体和客体的安全级别中。如果一个状态是安全的,则应当满足以下两个性质:

①简单安全性。当主体对客体读访问时,主体的安全级必须大于等于客体的安全级,即不能“向上读”。

②星属性安全规则。当主体对客体进行写访问时,主体的安全级必须小于等于客体的安全级,即不能“向下写”。

这也是 Bell－Lapadula 模型的两个主要性质,它约束了所允许的访问操作,在主体访问一个被允许的客体时,强制检查和自主检查都可能发生。Bell－Lapadula 模型比较复杂,模型的形式化采用了有限状态机,使模型有一个比较精确的定义。

Bell－Lapadula 模型是第一个符合军事安全策略的多级安全模型,在一些计算机系统安全设计中得到实现和应用。同时,Bell－Lapadula 模型奠定了多级安全模型的理论基础,后来的一些多级安全模型都是基于 Bell－Lapadula 模型的。

二、信息流模型

访问控制模型描述了主体对客体访问权的安全策略,主要应用于文件、进程之类的“大”客体。而信息流模型描述了客体之间信息传递的安全策略,直接应用于程序变量之类的“小”客体,可以精确地描述程序中的隐通道,它比访问控制模型的精确度高。

信息流模型也是基于格模型,为信息流引入一组安全类集合,定义了安全信息流通过程序时的检验和确认机制。一个信息流模型由以下五部分组成。

①客体集合:表示信息的存放位置,如文件、程序、变量以及位等。

②进程集合:表示与信息流相关的活跃实体。

③安全类集合:对应于互不相关的、离散的信息类。

④一个辅助交互的类复合操作符:用于确定在两类信息上的任何二进制操作所产生的信息。

⑤一个流关系:用于确定在任何一对安全类之间信息是否能从一个安全类流向另一个安全类。

在一定的假设条件下,安全类集合、流关系和类复合操作符构成一个格,指定 K 模型系统的安全信息流的意义,使客体之间的信息流不违背指定的流关系。信息流模型的形式化描述比有限状态机更详细,以表示程序中信息的细节。

访问控制模型和信息流模型是最主要的两类安全模型,分别代表了两种安全策略,访问控制策略指定了主体对客体的访问权限,信息流策略指定了客体所能包含的信息类别以及客体之间的关系。信息流模型可以分析程序中的合法通道和存储通道,但不能防止程序中的隐秘时间通道。

三、信息完整性模型

信息完整性是信息安全的重要组成部分，以防止信息在处理和传输过程中被篡改或破坏。信息完整性模型主要面向商业应用，而访问控制模型和信息流模型侧重于军事领域，它们在描述方法上有很大的不同。

信息完整性模型是用于描述信息完整性的形式化模型，主要适用于商业计算机安全环境。信息完整性模型主要有 Biba 模型、Clark－Wilson 模型等，其中 Biba 模型由于应用过于复杂，没有得到实际的应用。Clark－Wilson 模型侧重于商业领域，能够在面向对象系统中应用，具有较大的灵活性。

Clark－Wilson 模型采用了两个基本方法来保证信息的安全，一个是合式交易方法；另一个是职责分离方法。

合式交易方法提供一种保证应用完整性的机制，其目的是不让用户随意地修改数据。它如同手工记账系统，要修改一个账目记录，则必须在支出和转入两个科目上都要做出修改，这种交易才是“合式”的，而不能只改变支出或转入科目，否则，账目将无法平衡，出现错误。

职责分离方法提供一种保证数据一致性的机制，其目的是保证数据对象与它所代表的现实世界对象相对应，而计算机本身并不能直接保证这种外部的一致性。最基本的职责分离规则是不允许创建或检查某一合式交易的人再来执行它。这样，在一次合式交易中，至少有两个人参与才能改变数据，防止欺诈行为。

因此，Clark－Wilson 模型有两类规则，即强制规则和确认规则。强制规则定义了与应用无关的安全功能：用户只能通过事务过程间接地操作可信数据；用户只有被明确地授权后才能执行操作；用户的确认必须经过验证；只有安全官员（管理者）才能改变授权。

确认规则定义了与具体应用相关的安全功能，具体如下。

C1：可信数据必须经过与真实世界一致性表达的检验。

C2：程序以合式交易的形式执行操作。

C3：系统必须支持职责分离。

C4：由操作检验输入，接收或者拒绝。

Clark－Wilson 模型通过这些规则定义一个完整性策略系统，给出了在商业数据处理系统中实现完整性的基本方法，同时也展示了商业应用系统对信息安全的特定需求。

四、基于角色的访问控制模型

基于角色的访问控制（Role Based Access Control，RBAC）模型是由美国国家标准技术协会组织提出的一种访问控制技术，其目的是简化授权管理的复杂性，降低管理开销，为管理员提供一个实现复杂安全策略的良好环境。

RBAC 模型的基本思想是给用户所授予的访问权限是由用户在一个组织中担任的角色确定的。例如，在一个银行中，角色可以有出纳员、会计师、信贷员等，他们的职能不同，所拥有的访问权限也各不相同。RBAC 模型将根据用户在一个组织中所担任的角色来授权相应的访问权限，但用户不能自主地将访问权限转授他人。这一点是 RBAC 模型与其他自主访问控制模型最根本的区别。

在 RBAC 模型中，定义主体、客体、角色和事务处理等术语。所谓角色是指一个或一群用户在组织中可执行的事务处理集合，而事务处理是指数据和对数据执行的操作，如读一个文件。为了叙述方便，下面将事务处理简称为操作。

一个用户经过授权后可以拥有多个角色，一个角色也可以由多个用户构成。每个角色可以执行多种操作，每个操作也可以由不同角色执行。一个用户可以拥有多个主体，即拥有多个处于活动状态以用户身份运行的进程，但每个主体只对应一个用户。每个操作可以施加于多个客体，每个客体也可以接受多个操作。

用户对一个客体执行访问操作的必要条件：该用户被授权拥有一定的角色，其中一个角色在当前时刻处于活动状态，并且该角色对客体拥有相应的访问权限。

RHAC 的概念模型是由 Ravi 等人提出的，称为 RBAC96 概念模型。它由 RBACO 基本模型、RBACl 等级模型、RBAC2 约束模型和 RBAC3 合并模型组成。

RBACO 基本模型包括三个实体集，即用户、角色和权限，此外还包括会话。其中，用户是指一个人，其概念可以扩展到各种智能体，如软件代理、移动计算机以及网络中计算机等；角色是一个与一定职能和权限相联系的策略部件；权限是对客体的特定访问方式；会话是一个用户与角色之间的映射。RBAC1 等级模型在 RBACO 基本模型的基础上引入角色等级概念。

由于 RBAC1 等级模型和 RBAC2 约束模型互不兼容，因此引入了它们的兼容模型——RBAC3 合并模型。

RBAC 模型的主要特点包括以下几个方面。

①角色与权限的关联。不同的角色拥有不同的访问权限，一个用户被授权拥有何种角色，也就决定了该用户所拥有的访问权限以及所能执行的操作。

②角色继承关系。角色之间可能有相互重叠的职责和权力，属于不同角色的用户可能需要执行某些相同的操作。为了提高效率，RBAC 模型定义了“角色继承”的概念和功能，通过角色继承关系可以指定一些角色除了拥有自己的属性外，还可以继承其他角色的属性和拥有的权限，以避免重复定义。

③最小权限原则。最小权限原则是指一个用户所拥有的权限不能超过其工作任务所需的权限。为了实现最小权限原则,必须分清用户的工作任务和内容,确定完成该工作所需的最小权限集,并将用户限制在最小权限集的范围内。RBAC 模型允许根据一个组织内的规章制度和职能分工,设计拥有不同权限的角色,只将角色必须执行的操作权限授予角色。

④职责分离原则。职责分离是防止欺诈行为最重要的手段,例如,在银行业务中,“授权付款”和“实施付款”是职责分离的两个操作,必须将它们分离开,否则将会引起欺诈行为。

⑤角色容量。在一个特定的时间段内,某些角色只能容纳一定数量的用户。例如,“经理”这一角色虽然可以授予多个用户,但在实际的业务中,任何时刻只能由一个人来行使经理职能。

RBAC 模型的主要优势在于可以大大简化系统权限的管理工作。一个 RBAC 系统建立起来后,主要的管理工作是为用户分配或取消角色。当用户的职能改变时,改变分配给他们的角色,也就改变了这些用户的权限。当一个组织的职能发生变化时,只需删除角色的旧功能、增加新功能,或者定义新的角色即可,而不必更新每个用户的权限设置。另外,系统管理员能够站在一个比较抽象的、与企业的业务管理相类似的层次上来实施访问控制,通过定义和建立不同的角色、角色的访问权限以及角色的继承关系等,管理员能够以静态或动态方式监管用户的行为。

RBAC 模型的另一个优势是能够很好地支持分布式系统。管理职能可以分布在中心域和地方域等不同的安全域内,整个组织的访问控制策略由中心域负责制定,地方域负责制定各自内部的相关策略。

五、基于域控的访问控制技术

Windows NT Server 操作系统提供\基于域(Domain)模型的安全机制和服务。所谓域就是一个 Windows NT 网络进行安全管理的边界,每个域都有一个唯一的名字,并由一个域控制器(Domain Controller)对一个域的网络用户和资源进行管理与控制。这种域模型采用的是客户/服务器结构。

域控制器必须由安装和运行 Windows NT Server 的服务器来充当,域控制器可分成主域控制器(Primary Domain Controller,PDC)和备份域控制器(Backup Domain Controller,BDC)两种。对于一个域,PDC 是必需的,且只能有一个 PDC,在 PDC 上存放了用户账户数据库和访问控制列表,对登录入网的用户实施强制性身份鉴别和访问控制。对于一个域,BDC 不是必需的,可以根据需要安装或不安装 BDC。如果安装了 BDC,则必须处于由 PDC 构成的域中,而不能单独存在。PDC 将周期性地复制域账户数据库信息给 BDC,BDC 可以协助 PDC 进行身份验证,以减轻 PDC 的负担,并且在 PDC 发生故障时,可以将 BDC 升级为

PDC。一个域中可以有多个 BDC。

PDC 提供了以下几种身份鉴别和访问控制功能。

(一)身份鉴别

在 Windows NT Server 系统安装完成后,系统自动建立两个特殊的用户:一个拥有最大权限的网络管理员(Administrator),主要负责用户和资源;另一个是拥有最小权限的来客(Durst),主要提供给临时用户登录系统使用。网络管理员应当把 Guest 用户删除,以避免安全漏洞。其他用户都要通过网络管理员的用户注册,成为合法用户后才能登录系统。

网络管理员的注册用户就是在 PDC 的账户数据库中为用户建立一个账户。一个用户账户可以用下列相关信息来描述。

①用户名:每个用户都有一个唯一的名字,用户必须使用用户名登录系统,这是第一级安全性。

②口令:每个用户都可以设置一个口令,口令将被加密存储起来,这是第二级安全性。

③口令限制:如口令最小长度、定期改变的周期、口令唯一性和下次登录是否更改口令等限制。

④连接限制:限制用户登录入网所使用的客户机数量,即在同一时间使用某一用户名登录入网的客户机数量虽不能超过限制值。

⑤时间限制:限制用户登录系统的时间段。例如,限制某用户只能在上午 8 时到下午 6 时的时间段内登录系统。

⑥登录限制:限制用户登录系统所使用的客户机,即某用户只能在某个特定的客户机上登录系统。

用户登录系统时,PDC 将根据用户账户中的信息对用户身份进行鉴别和验证,只有通过身份鉴别的用户才允许登录系统。

(二)访问控制

一个用户登录系统后,并不意味着能够访问网络系统中所有的资源。用户访问网络资源的能力将受到访问权限的控制。Windows NT Server 同样采用两种访问控制权限,即用户访问权限和资源访问权限。

1. 用户访问权限

用户访问权限规定了登录系统的用户以何种权限使用网络共享资源,它也称为共享权限。Windows NT Server 提供了以下四种共享权限。

(1)完全控制

用户拥有对一个共享资源(目录或文件,下同)的完全控制权,用户可以对该共享资源执行读取、修改、删除以及设置权限等操作。

(2)更改

允许用户对一个共享资源执行读取、修改、删除以及更改属性等操作。例如,对共享目录下的子目录和文件执行读取、修改、删除以及更改属性等操作。

(3)读取

允许用户查看共享目录下的子目录和文件,但不能创建文件;允许用户打开、拷贝和执行(如果是可执行文件)共享文件以及查看该文件的内容。

(4)拒绝访问

禁止用户访问一个共享资源。如果一个用户组被指定了该权限,则这个组下的所有用户都不能访问该共享资源。

2.资源访问权限

资源访问权限是由资源的属性提供的。在Windows NT网络中,磁盘文件/目录资源属性称为访问权限,并且取决于Windows NT系统安装时所采用的文件系统。Windows NT网络支持两种文件系统,即FAT和NTFS。其中,FAT是与DCS相兼容的文件系统,但不提供任何资源访问权限,网络访问控制只能依赖于共享权限。NTFS是Windows NT特有的文件系统,具有严格的目录和文件访问权限,用户对网络资源的访问将受到NTFS访问权限和共享权限的双重控制,并以NTFS访问权限为主。

NTES提供了两种访问权限来控制用户对特定目录和文件的访问:一种是标准权限,是口径较宽的基本安全性措施;另一种是特殊权限,是口径较窄的精确安全性措施。标准权限是特殊权限的组合,在一般情况下,使用标准权限来控制用户对特定目录和文件的访问。当标准权限不能满足系统安全性需要时,可以进一步使用特殊权限进行更精确的访问控制。

3.多域网络的委托验证

网络是按域来组织和管理网络的。一个域最多可容纳26 000个用户和250个用户组(Group)。因此,对于大多数网络应用来说,单一域是适用的,并能够保证较好的网络性能。如果用户数量过大或者根据工作性质需要划分多个网络,则可以采用多域模型来组织网络。

在多域模型中,网络被分成两个以上的域,每个域由各自的PDC进行管理,各个域之间可以通过委托关系实现资源共享和相互通信。如果一个域的用户要访问另一个域中的资源,则用下面两个方法来实现。

①该用户要在资源所在域中注册一个用户账号,成为该域的合法用户后方能访问该域中的资源。这是一种笨拙的方法。

②在该用户的账号所在域(称账号域)和所要访问资源的域(称资源域)之间建立一个委托关系,资源域(或称委托域)可以委托账号域(或称受托域)对该用户的身份进行验证,只要该用户在账号域中是合法的,就允许访问资源域,而不必在资源域中注册账号。通过委托关系提供一种多域之间资源共享的简便方法。

委托关系可以是单向委托,也可以是双向委托。单向委托关系是一个域委托另一个域来验证用户的身份;双向委托关系是两个单向委托关系的组合,两个域相互委托对方验证各自域的用户身份。

第四节　安全审计技术

一、安全审计的概念

安全审计(Security Auditing)是指依据一定的安全策略,通过记录分析一个系统的历史操作事件及数据,检测和发现系统中的违规操作、异常事件、攻击行为以及系统漏洞等,为实现用户操作行为的电子取证和安全事件的可追溯性提供了重要手段,同时也可作为系统安全风险评估的依据。

安全审计实际上是记录与审计用户操作计算机系统活动的过程。系统活动包括操作系统活动和应用程序进程活动,用户活动包括用户在操作系统和应用程序中的活动,如用户所使用的资源、使用时间、执行的操作等。安全审计对系统记录和行为进行独立的审计与评估。

安全审计是一种重要的信息安全技术,通常在操作系统、数据库系统、应用系统、网络交换设备以及信息安全产品中提供了安全审计功能,例如在 Windows 操作系统中,通过其安全子系统建立和维护一个安全日志,记录有关身份认证、对保护客体的访问、被保护客体的删除、管理操作以及其他安全事件,其安全审计功能由事件日志及事件查看器等部件来实现,审计信息记录在安全日志中,只有管理员才有权查看安全日志。

二、安全审计的类型

安全审计对事件的日期和时间、用户、事件类型、事件是否成功等信息进行记录与审计,审计范围包括操作系统用户、数据库用户以及应用系统用户。

审计内容包括重要用户行为、系统资源异常使用和重要系统命令使用等系统中重要的安全事件。

从审计级别上,安全审计可分为系统级审计、应用级审计和用户级审计三种类型。

(一)系统级审计

系统级审计主要针对系统的登录情况,包括用户识别号、登录日期和时间、退出日期和时间、所使用的设备、所运行的程序等事件进行记录与审计。系统级审计日志还包括部分与安全无关的信息,如系统操作、网络性能等信息。

(二)应用级审计

应用级审计主要针对应用程序的活动信息进行记录和审计,如打开和关闭数据文件,读取、编辑、删除数据库记录或字段等操作,以及打印报告等信息。

(三)用户级审计

用户级审计主要针对用户的操作活动信息进行记录和审计,如用户直接启动的所有命令,用户所有的鉴别和认证操作,用户所访问的文件和资源等信息。

三、安全审计机制

(一)日志记录

在安全审计中,通过日志文件记录相关的系统活动信息。为了实现各种系统和设备日志记录的标准化与互操作,工业界普遍采用系统日志协议来开发安全审计系统,在操作系统、网络交换设备以及信息安全产品中一般都支持 Syslog 协议,Syslog 协议已成为事实上的工业标准协议。

Syslog 为每个事件赋予不同的优先级,具体如下。

LOG_EMERG:紧急情况,需要立即通知技术人员。

LOG_ALERT:应该立即改正的问题,如系统数据库被破坏、ISP 连接丢失等。

LOG_CRIT:重要情况.如硬盘错误、备用连接丢失等。

LOG_ERR:错误,不是非常紧急,在一定时间内修复即可。

LOG_WARNING:警告信息,不是错误,如系统磁盘使用了 85%以上等。

LOG_NOTICE:不是错误情况,不需要立即处理。

LOG_INFO:正常的系统消息,如带宽数据等,不需要处理。

LOG_DEBUG:包含详细的开发调试信息,通常只在调试程序时使用。

Syslog 采用客户/服务器模式进行数据通信,Syslog 客户端与服务器端之间通常采用 UDP 协议/514 端口来传输系统日志信息。

Syslog 消息格式如下:

%FACILITY－SUBFACILITY－SEVERITY－MNEMONIC:Message－text

①%:系统消息开始符。

②FACILITY(特性):由 2 个或 2 个以上大写字母组成的代码,用来表示硬件设备、协议或系统软件的型号或版本号。

③SEVERITY(严重性):范围为 0～7 的数字编码,表示事件的严重程度。

④MNEMONIC(助记码):唯一标识出错误消息的代码。

⑤Message － text(消息文本):用于描述事件的文本串,包含事件的细节信息,其中有目的端口号、网络地址或系统内存地址空间中所对应的地址等。

完整的 Syslog 日志中包含产生日志的程序模块(FACILITY)、严重性(SEVERITY)、时间、主机名或 IP 地址、进程名、进程 ID 和正文等信息。Syslog 日志消息既可以记录在本地文件中，也可以通过网络发送到 Syslog 服务器上，集中存储在 Syslog 服务器上，以便于实施全局安全审计。

在支持 Syslog 协议的操作系统或网络设备中，通常提供 Syslog 函数，为开发日志记录和安全审计系统提供支持。

关于 Syslog 协议的详细介绍可参考 RFC 3164 和 RFC 3195 文档。

（二）日志分析

日志分析的主要目的是在大量的日志信息中找到与系统安全相关的数据，并分析系统的运行情况，主要分析任务包括以下几个方面。

1. 潜在威胁分析

根据安全策略规则监测敏感事件，检测并发现潜在的入侵行为，其规则可以是已定义的敏感事件子集的组合。

2. 异常行为检测

在确定用户正常操作行为的基础上，当异常行为事件违反或超出正常访问行为的限定时，指出将要发生的威胁。

3. 简单攻击检测

对重大威胁事件的特征进行明确的描述，当这些攻击现象再次出现时，及时发出警告。

4. 复杂攻击检测

对日志进行深度分析，检测出复杂的攻击序列，当攻击序列出现时，及时预测其发生的步骤及行为，以便于做好预防。

在日志分析方法中，主要采用单模式匹配算法、多模式匹配算法以及数据挖掘方法等，其关键在于检测精确度和算法效率。

（三）日志保护

日志信息存储在日志文件中，为了保证日志信息的完整性，需要采取必要的保护措施。

1. 防止信息篡改

系统通常禁止修改或删除日志文件中的日志信息，以保持日志信息的完整性。

2. 防止数据丢失

为了防止日志文件记录而产生数据丢失，系统将根据用户设置的日志文件长度，对文件长度进行监测，当达到设定的上限值时，连续给出警告信息，提醒管理员及时备份当前日志数据，以防止数据丢失。

（四）审计模式

安全审计系统主要由日志记录、日志查看、日志分析以及日志管理等部分组成。安全审计系统主要有两种审计模式，即本地审计模式和全局审计模式。

1. 本地审计模式

本地审计模式通常由主机操作系统的安全子系统来提供，主要对本机上发生的安全事件进行记录和审计，如 Windows、Linux、UNIX 等操作系统都提供了安全审计功能。另外，一些网络设备和安全产品也采用的是本地审计模式。

2. 全局审计模式

由第三方开发的网络安全审计系统通常采用全局审计模式，系统设有一个管理控制台，通过 Syslog 协议来采集网络中各个主机和网络设备上的日志信息，集中存储在管理控制台上，实行全局安全审计，审计范围大，要覆盖整个网络。

管理员通过管理控制台执行审计管理操作，包括系统参数配置、日志信息查看、事件统计分析、报警信息处理、日志信息备份等。

第五节　防火墙技术

一、防火墙的概念

在社会生活中，人们经常在木屋和其他建筑物之间修筑一道砖墙，以便在发生火灾时阻止火势蔓延到其他的建筑物，这种砖墙被称为防火墙(Fire Wall)。

通常，在内部网接入互联网时，需要在内部网与互联网之间设置一个防火墙，在保持内部网与互联网连通性的同时，对进入内部网的数据包进行控制，只转发合法的数据包，而将非法的数据包阻挡在内部网之外，防止未经授权的非法用户通过互联网入侵内部网，窃取信息或破坏系统。

从安全性的角度划分，外部网络可以分成可信网络和不可信网络两种。防火墙对内部网的保护作用主要体现如下：①禁止来自不可信网络的用户或数据包进入内部网；②允许来自可信任网的用户进入内部网，并以规定的权限访问网络资源；③允许来自内部网的用户访问外部网。

防火墙将依据预先设置的安全策略和规则对外来的数据包进行安全检查，根据结果来确定是否将数据包转发给内部网。通常，一个防火墙可采用以下两种安全策略。

(一)“白名单”策略

依照“一切未被允许的都是禁止的”的原则，建立一个允许用户访问的网络服务列表，称为“白名单”。凡是出现在“白名单”中的网络服务都是允许访问的，而没有出现在“白名单”中的网络服务都是禁止访问的。这种策略比较安全，因为“白名单”中的网络服务都是经过筛选的，但也限制了用户使用的便利性，即使可信任的用户也不能随心所欲地使用网络服务。

(二)“黑名单”策略

依照“一切未被禁止的都是允许的”原则，建立一个禁止用户访问的网络服务列表，称为“黑名单”，凡是出现在“黑名单”中的网络服务都是禁止访问的，而没有出现在“黑名单”中的网络服务都是允许访问的。这种策略比较灵活，可为用户提供更多的网络服务，但安全性要差一些，因为未被禁止的网络服务中可能存在着安全漏洞和隐患，给入侵者造成可乘之机。

这两种防火墙策略在安全性和可用性上各有侧重，适用于不同的应用场合。

二、防火墙的类型

防火墙主要分成三类，即分组过滤型、代理服务型和状态检测型。它们在网络性能、安全性和应用透明性等方面各有利弊。

(一)分组过滤型

分组过滤型(Packet Filter)防火墙通常在网络层上通过对分组(也称数据包)中的 IP 地址、TCP/UDP 端门号以及协议状态等字段的检查来决定是否转发一个分组。

分组过滤型防火墙的基本原理如下所述。

①根据网络安全策略，在防火墙中事先设置分组过滤规则。

②依据分组过滤规则，对进入防火墙的分组流进行检查。通常需要检查下列分组字段：源 IP 地址和目的 IP 地址；TCP、UDP 和 ICMP 等协议类型；源 TCP 端口和目的 TCP 端口；源 UDP 端口和目的 UDP 端口；ICMP 消息类型；输出分组的网络接口。

③分组过滤规则一定按顺序排列。当一个分组到达时，按规则的排列顺序依次地运用每个规则对分组进行检查。一旦分组与一个规则相匹配，就不再向下检查其他规则。

④如果一个分组与一个拒绝转发的规则相匹配，则该分组将被禁止通过。

⑤如果一个分组与一个允许转发的规则相匹配，则该分组将被允许通过。

⑥如果一个分组不与任何的规则相匹配，则该分组将被禁止通过，这遵循“一切未被允许的都是禁止的”原则。

分组过滤型防火墙一般采用在路由器上设置一个分组过滤器的方法来实现，其主要优点是网络性能损失小、可扩展性好和易于实现。但是，这种防火墙的安全性存在一定的缺陷，因为它是基于网络层的分组头信息检查和过滤机制，对封装在分组中的数据内容一般不做解释和检查，也就不会感知具体的应用内容，容易受到 IP 欺骗等攻击。由于这种防火墙通常是配置在路由器上，一旦防火墙被攻破，入侵者就会不受阻拦地直接进入内部网。

(二)代理服务型

代理服务型(Proxy Services)防火墙有两种类型：一种是应用级网关型，它工作在应用层上，对每种应用都设有一个代理服务程序；另一种是链路级网关型，它工作在传输层上，根据客户的 TCP 连接请求，重新建立一个允许通过防火墙的 TCP 连接(也称连接重定向)来提供代理服务，而不是针对应用程序。两者相比，前者的安全性好，而灵活性和透明性却不如后者。

这里的代理服务型防火墙主要是指应用网关型防火墙，它是在内部网与互联网之间建立一个代理服务器，外部用户要访问内部网中的服务器必须通过代理服务器进行中转，而不允许它们之间直接建立连接进行通信。由于内部网与互联网之间没有建立直接的连接，即使防火墙失效，外部用户仍不能进入内部网。

在这种安全体系结构中，内部网通过代理服务器向互联网开放某些服务，如 HTTP、Telnet 及 FTP 等。当外部用户访问这些服务时，所连接的是代理服务器，而不是实际的服务器，但外部用户感觉是实际的服务器。代理服务器根据安全规则对请求者的身份、服务类型、服务内容、域名范围、登录时间等进行安全检查，以确定是否接受用户的请求。如果接受用户的请求，则代理服务器代替该用户向实际服务器发出请求，实际服务器返回的结果再由代理服务器传送给外部用户。如果不接受用户的请求，则代理服务器直接向该用户发出拒绝服务的信息。在这种防火墙中，每种网络应用都需要有相应的代理程序，如 HTTP 代理、FTP 代理及 Telnet 代理等。

这种防火墙的优点是安全性好，缺点是可伸缩性差和性能损失较大。因为每增加一种新的应用都必须增加相应的代理程序，并且代理程序将增加转发延迟，引起网络性能下降。

（三）状态检测型

由于防火墙是设置在内部网与外部网之间的安全网关，对进入内部网的信息流进行安全检查，因而客观上形成了一种网络瓶颈。网络瓶颈将会降低网络吞吐量，增加网络延迟，引起网络性能下降，严重时会产生网络拥塞现象。这种网络瓶颈问题可以看作是网络安全所付出的代价。对于防火墙这类的网络安全系统或产品，理想的目标是在保证安全性的前提下尽可能地减少网络性能损失，提高网络吞吐能力，避免网络拥塞。当然，网络性能丝毫不损失也是不可能的。

分组过滤型防火墙的网络性能损失较小，但安全性较差；代理服务型防火墙的安全性较好，但网络性能损失较大，而且可伸缩性也较差。因此，从安全性和网络性能等方面来看，这两种传统的防火墙都存在着一定的缺陷。为了解决安全性和网络性能相协调的问题，出现了状态检测型防火墙。

状态检测型(Staleful－Inspection)防火墙继承了传统防火墙的优点，同时克服了传统防火墙的缺点。从系统结构上，仍采用类似于分组过滤型防火墙的结构，在网络层对数据包进行安全过滤，仍由用户定义其安全过滤规则。不同的是，它提供了一个应用感知功能，系统从接收到的数据包中提取与安全策略相关的状态信息，并将这些信息保存在一个动态状态表中，作为后续连接请求的决策依据。

为了提供稳定可靠的网络安全性，防火墙应当对所有的通信信息进行跟踪和控制。所有的通信信息包括数据包和状态信息两部分，防火墙在决策是否转发数据包时，仅仅检查数据包头信息是不够的，还应当检测通信状态信息和应用状态信息，因为通信状态反映了各个网络层次以前的通信状况，应用状态反映了相关的应用信息，这些状态信息是控制一个通信连接的关键因素。因此，防火墙将收集、分析和利用以下几种信息。

①通信信息：所有的数据包信息。

②通信状态：以前通信的状态信息。

③应用状态：其他应用的状态信息。

④信息处理：基于上述信息的检测和控制算法。

状态检测型防火墙要跟踪、收集和存储每个有效连接的状态信息，根据这些状态信息来决定是否让数据包通过防火墙，达到对本次通信实施访问控制的目的。防火墙首先从数据链路层和网络层之间的接口处截获数据包，然后分析这些数据包，并将当前数据包和状态信息与以前的数据包和状态信息进行比较，从而得到该数据包的控制信息，并以此来确定是否让数据包通过从而达到保护网络安全的目的。图 3－1 所示为状态检测型防火墙的工作原理图。

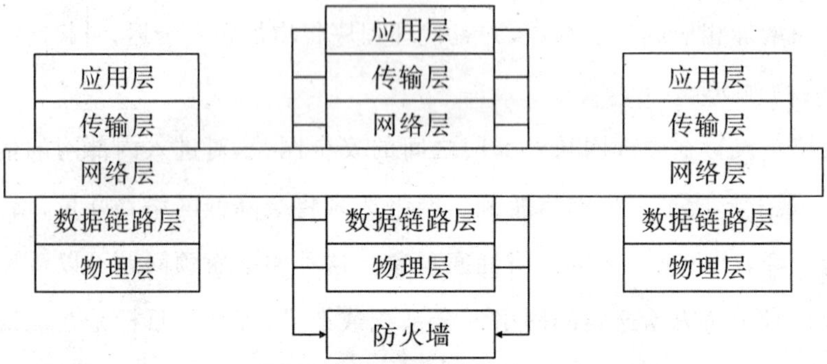

图 3－1　状态检测型防火墙的工作原理图

下面以 FTP 协议为例来说明状态检测型防火墙的工作原理。FTP 协议使用了两个 TCP 端口：20 号端口用于传送命令；21 号端口用于传送数据。状态检测型防火墙对 FTP 的处理过程如下：防火墙收到 FTP 客户端向 FTP 服务器 20 号端口发来的连接请求后，首先在连接状态表中记录本次连接的相关信息，包括源地址和目的地址、端口号、TCP 序列号以及其他标志等，然后防火墙只允许从该 FTP 服务器的 20 号和 21 号端口向客户端请求端口传输合法的命令及数据。在这一过程中，防火墙通过记录连接状态，设置了动态访问控制规则，能够有效地过滤非法的数据包。如果攻击者企图通过伪造 IP 地址、端门号、TCP 序列号和其他 IP 标识来穿越该防火墙，则是非常困难的。

与传统的防火墙相比，状态检测型防火墙比较有效地解决了安全性、执行效率和可伸缩性等方面的问题。

(1)安全性

安全性状态检测型防火墙工作在数据链路层和网络层之间，并从中截获数据包。由于这个位置是网络硬件(数据链路层)和网络软件(网络层)的结合部位，确保了防火墙能够对所有通过网络的原始数据包进行截获和检查。对于所截获的数据包，防火墙做以下处理：①根据安全策略从数据包中提取有用的信息，如IP地址、端口号和数据内容等，并保存在内存中；②将相关状态信息组合起来，通过相关控制算法进行“逻辑或”运算；③根据运算的结果确定相应的操作，如允许数据包通过、拒绝数据包通过、认证连接等。

由于状态检测型防火墙能够监测所有应用层的数据包，并根据数据包信息和状态信息做出安全决策。与只依赖数据包头信息的决策方法相比，其安全性要高很多。

(2)高效率

状态检测型防火墙工作在较低的网络层次上，所有数据包都在低层进行处理，不需要上层协议的参与，因此减少了高层协议头的开销，提高了执行效率。另外，一旦在防火墙中建立起来一个连接，就不需要再对该连接进行更多的处理，系统可以去处理其他连接，执行效率可以得到进一步的提高。

(3)可伸缩性

代理服务型防火墙采用一种服务对应一个代理服务程序的方式，每增加一种新的服务，则必须为新的服务开发相应的代理服务程序，系统的可伸缩性和可扩展性比较差。状态检测型防火墙不区分每个具体的应用，只是根据从数据包中提取的信息、对应的安全策略和过滤规则来处理数据包。当增加一种新的应用时，状态检测型防火墙能够动态地为新的应用产生过滤规则，不需要另外编写代理服务程序，使系统具有很好的可伸缩性和可扩展性。

(4)适应性

状态检测型防火墙具有较广泛的应用适应性，不仅支持基于面向连接协议TCP的应用，而且还支持基于无连接协议的应用，如基于UDP、DNS、WAIS、Archie以及RPC等的应用。而传统的防火墙对这类应用或者不支持，或者开放一个大范围的UDP端口，从而暴露了内部网，降低了网络安全性。

对于UDP的应用，状态检测型防火墙是通过在UDP通信上保持一个虚拟连接来实现的。防火墙将记录和保存每个连接的状态信息，UDP请求包通过防火墙时被记录下来，而UDP响应包反方向通过防火墙时，它便依据连接状态表来确定该UDP包是否被授权，如果已被授权，则允许通过，否则被拒绝通过。如果在指定的时间内UDP响应包没有到达，即连接超时，则断开该连接。这种方法可以防范针对UDP的攻击，从而提高UDP应用的安全性。

对 FRPC 服务来说,其端口号是不固定的。如果只是简单地跟踪端口号,则很难保证该服务的安全性。状态检测型防火墙通过动态端口映射表记录端口号,并通过连接状态和程序号等信息来验证该连接,从而有效地保证了 RPC 服务的安全。

目前,防火墙技术朝着硬件化和高速化的方向发展,以解决防火墙安全性和性能之间的矛盾。硬件化是指防火墙的核心采用专用的 ASIC 或 FPGA 芯片来实现,使防火墙产品具有很高的吞吐量。高速化是指防火墙产品必须支持 1 Gb/s 的网络传输速率,甚至 10 Gb/s 的网络传输速率,将网络性能损失减少到最低程度。

三、防火墙应用

在实际应用中,防火墙的防护效果取决于以下两方面要素。

(一)正确部署

在实际网络环境中应用防火墙时,有两种部署方法:一是将防火墙部署在内部网与互联网的接入处,防火墙串接在内部网与互联网之间的路由器上,对互联网进入内部网的数据包进行检查和过滤,抵御来自互联网的网络攻击。二是将防火墙部署在内部网中重要服务器的前端,防火墙串接在内部网核心交换机与服务器交换机之间,对内部网用户访问服务器及其应用系统进行控制,防止内部网用户对服务器及其应用系统的非授权访问。另外,还可利用防火墙实现内部网安全域划分,通过设置安全规则实现不同安全域之间的访问控制。

(二)正确设置

根据网络拓扑和安全策略,正确设置防火墙的安全规则,满足安全策略对外部和内部用户访问控制的要求。

四、主机防火墙

上述的网络防火墙是以独立的硬件设备形式实现的,通常部署在网络关键点上,对网络访问行为进行控制。网络防火墙是防火墙产品的主流。

还有一类防火墙称为主机防火墙,它是安装并运行在主机系统上的网络监控软件,按照所设置的安全规定,对用户和应用程序的网络访问行为进行控制。

主机防火墙通常提供以下网络访问行为功能。

①安全规则设置。根据安全策略,设置主机的网络访问规则,对用户和应用程序的网络访问行为进行监控。

②数据包检查。从应用层、传输层和网络层等不同的网络层次上,对数据包进行拦截和检查,并根据安全规则过滤数据包。从应用层可过滤掉用户访问特定网络服务(如 Web、邮

件等服务)和特定网站的数据包;从传输层可过滤掉特定应用程序访问网络的数据包;从网络层可过滤掉所有特定 IP 地址的数据包。

③日志记录和审计。对主机系统的网络访问操作进行记录和审计,包括正常和异常的网络访问操作,提供日志记录、审计和管理等功能。

(一)数据包拦截技术

在主机防火墙实现中,需要解决的问题是运行在操作系统用户模式上的监控程序如何拦截操作系统内核中的数据包发送和接收操作,进而实现对数据包的检查和过滤。这需要利用操作系统提供的应用编程接口(API)来实现。例如,Windows 操作系统中提供了 Winsock 2.0 服务提供者接口(SPI)、传输驱动程序接口(TDI)及网络驱动接口规范(NDIS)中间驱动接口,利用这些接口可实现对数据包的拦截和检查。

下面简单介绍这三个编程接口的基本特性和功能。

1. SPI

SPI 指用户模式下数据包拦截技术,主要用于实现用户模式下对数据包的拦截。SPI 支持两种服务提供者,即传输服务提供者和名字解析服务提供者。下面仅介绍传输服务提供者的概念。

Winsock 2.0 中的传输服务提供者有两类,即基础服务提供者和分层服务提供者。基础服务提供者和分层服务提供者都开放相同的 SPI,所不同的是基础服务提供者位于提供者的最底层。因此基础服务提供者和分层服务提供者程序的编写方法基本相同,但安装时却需要将基础服务提供者安装在服务提供者加载顺序链的最底端,而分层服务提供者则根据需求安装在加载顺序链的中间。

基础服务提供者承担着执行网络传输协议(如 TCP 协议)具体细节的工作,包括在网络上收发数据之类的核心功能。分层服务提供者只负责执行高级的日定义通信功能,并依靠下面的基础服务提供者,在网络上实现真正的数据交换。分层服务提供者可用来扩展基础服务提供者的功能。

2. TDI

TDI 指内核模式下数据包拦截技术。TDI 是 Windows 系统网络协议栈的核心,通常用创建设备对象来代表特定的协议,上层的 TDI 客户能够获得一个代表协议的文件对象,并且通过 1/0 请求包(IRP)与协议进行网络输入输出,这些 IRP 在传输驱动程序的 Dispatch 例程中处理。因此,在 TDI 层面上拦截网络数据包可以采取 HOOK 技术,即通过一个驱动程序来 HOOK 传输驱动程序中的 Dispatch 例程。事实上,在 TDI 层面上拦截网络数据包,可以采用分层驱动程序技术,即将一个驱动程序挂接到 TDI 传输驱动程序之上,当 TDI 客户向协议发出请求时,这个驱动程序先于传输驱动程序得到这个请求,当协议向 TDI 客户传输数据时，这个驱动程序先于 TDI 客户得到数据。这种驱动程序通常被称为 TDI 过滤驱动程序。

3. NDIS 中间驱动

NDIS 中间驱动指内核模式下数据包拦截技术。NDIS 允许在 TDI 传输驱动程序与 NDIS 驱动程序(小端口驱动程序)间插入分层驱动程序，这种分层驱动程序称为 NDIS 中间层驱动程序。中间层驱动程序在自己的上下两端分别开放一个 Miniport(小端口)接口和一个 Protocol 接口。对 ND1S 小端口驱动程序来说，中间层驱动程序就相当于传输驱动程序；对传输驱动程序来说，中间层驱动程序就相当于小端口驱动程序。系统中所有的网络通信都经过 NDIS 中间层驱动程序，因此可以用来对网络数据包进行拦截与检查。

NDIS 中间层驱动程序的 Miniport 和 Protocol 接口分别包括一组规定好的标准处理函数，需要分别对这些函数进行编码，以实现不同的功能。网络数据包的拦截和检查也是通过在这些函数中编写相应的代码实现的。当接收数据时，NDIS 小端口驱动程序调用中间层驱动处理数据接收的函数，在函数的实现中可编写代码来检查和过滤数据包，数据包检查实际上是一边解析数据包，一边与安全规则做比较，根据比较结果确定下一步动作：丢弃或放行。对于放行的数据包，需要调用相应的函数来指示上层的协议接收数据。当发送数据时，NDIS 协议驱动程序调用中间层驱动处理数据发送的函数，同样在函数的实现中可对数据包进行检查和过滤，对于通过检查的数据包，需要调用相应的函数向下层转发数据包。

(二)主机防火墙实现技术

主机防火墙可利用上述的编程接口来实现，例如利用 SPI 实现应用层数据内容过滤，利用 TDI 实现传输层访问请求控制，利用 NDIS 实现网络层数据包过滤。

1. 应用层数据内容过滤

主要针对应用层的应用协议，如 HTTP、S1TP、POP3 等。该层主要根据应用协议从数据包中提取信息内容，然后按照安全规则控制用户的 Web 访问行为和邮件访问行为。

2. 传输层访问请求控制

主要针对主机上应用程序的访问网络请求，包括应用程序和系统服务程序打开本地网络端口请求、网络连接请求、发送 UDP 数据包请求等。该层的目标是控制进程访问网络的行为，任何一个进程都必须在安全策略的允许下才能访问网络。

3. 网络驱动层数据包过滤

针对所有网络数据包的协议、端口地址、IP 地址进行过滤。该层能够从全局上控制网络访问，限制某些 IP 地址段的主机对本机的访问，禁止本机对某些 IP 地址段的访问，限制某些本地端口被访问，限制访问某些远程端口地址段，限制各种协议数据的进出等。

主机防火墙有两种实现方式，即单机方式和分布式方式。在单机方式中，监控程序和管理程序均安装并运行在一台主机上，由用户自主地设置安全规则，对本机的网络访问行为进行控制，在 Windows 操作系统中集成了这类主机防火墙，有些防病毒软件也提供了这类主机防火墙。

在分布式方式中，主机防火墙分为两个部分，即防火墙控制台和防火墙代理程序，防火墙代理程序安装并运行在每个受控主机上，按照安全规则执行网络访问控制。管理员在防火墙控制台上设置每个受控主机的安全规则，并通过网络下发给每个防火墙代理程序强制执行，以实现全局性安全策略，每个受控主机上产生的异常事件发送到控制台上集中存储、报警和审计。由于分布式方式采取全局性和强制性安全策略，保护范围大，全配置漏洞，与单机方式相比，安全性更高。

第四章　计算机其他安全技术

第一节　密码技术

一、对称密码体制

所谓对称密码体制是指加/解密用同一把密钥,也称为单一密钥密码系统。对称密钥算法历史悠久,从最早的恺撒密码到目前使用最多的 DES 密码算法等都属于此类密码系统。

(一)传统加密技术

计算机出现之前,密码学由基于字符的密码算法构成,不同的密码算法之间互相替代或相互置换。计算机出现之后,密码学算法变得复杂起来,但基本原理没有变化,仍然是以替代和置换作为加密技术的基本构造块。其重要的变化是算法只对位而非字母进行变换,也就是说字母表长度从 26 个字母变为 2 个字母。

1. 替代密码

替代密码是把明文中的每个字符替换为密文中的另外一个字符,接收者对密文进行逆替换即可恢复出明文。传统密码学有三种类型的替代密码,即单表替代密码、多表替代密码和多字母替代密码。

所谓单表替代密码,是明文的每个字符用相应的密文字符代替。最早的密码系统"恺撒密码"是一种单表替代密码,也是一种移位替代密码。恺撒密码是把英文的 26 个字母分别向前移 3 位,其替代表为:

明文:a b c d e f g h i j k l m n o p q r s t u v w x y z。

密文:D E F G H I J K L M N O P Q R S T U V W X Y Z A B C。

例如,明文为:

Information technology。

则密文为:

LQIRUPDWLRQ WHFKQRORJB。

显然,移位替代密码系统是不安全的,非常容易攻破。这是因为:①简单的单表替代没有掩盖明文字母的自然频度;②移位替代的密钥空间有限,只有 25 个密钥,很容易被暴力攻击法破解。

多表替代密码是一种以一系列的(两个以上)替代表,依次对明文消息的字母进行替代的加密方法。多字母替代密码是一种每次对多余一个的字母进行替代的加密方法,其优点是对字母的自然频度隐藏或均匀化,从而有利于抗统计分析。

2. 置换密码

置换密码指保持明文和密文相同的字母,但打乱其顺序。例如,纵行置换密码的方法:加密时以固定的宽度将明文水平地写在一张纸上,然后按垂直方向读出密文;解密时按相同的宽度将密文垂直地写在一张纸上,然后按水平方向读出明文。例如:

明文:

c o p u t e r

s c i e n c e

i s d e v e l

o p i n g f a

s t e r a n d

f a s t e r

密文:csiosf ocspta pidies ueenrt tnvgae ecefnr relad。

(二)分组密码与数据加密标准

对称密码算法有两种类型,即分组密码和流密码。

分组密码的工作方式:将明文消息划分成固定长度的分组,一次处理一块输入,每个输入生成一个输出块。

DES 以 64 位为分组对数据加密。64 位一组的明文从算法的一端输入,64 位的密文从另一端输出。密钥的长度为 56 位。DES 是一个对称算法,加密和解密用的是同一算法。DES 算法只使用了标准的算术和逻辑运算,是加密的两个基本技术——混乱和扩散的组合。

1. DES 算法的描述

(1)DES 加密过程的整体结构

64 位明文经过初始置换/P(Initial Permutation),将数据重新排列,并分成左右两半,左边 32 位构成,右边 32 位构成。

64 位密钥经过变换产生 16 个子密钥 $K_1, K_2, \cdots, K_{16}$。16 个子密钥分别供第 1 次,第 2 次……第 16 次加密迭代使用。

加密函数/实现子密钥 K_1 对 K_0 的加密,结果为 32 位数据组 $f(R_0, K_1)$。$f(R_0, K_1)$ 再与 K_0 模 2 相加得到数据组 $L_0 \oplus f(R_0, K_1)$,以作为第二次加密迭代的 R_1,以 R_0 作为第二次加密迭代的 L_1。第 1 次加密迭代过程结束。

第 2 次加密迭代至第 16 次加密迭代分别用于密钥 $K_1, K_2, \cdots, K_{16}$ 进行,过程同第一次加密迭代。

第 16 次加密迭代结束后，产生一个 64 位的数据组，左边 32 位作为 R_{16}，右边 32 位作为 I_{16}，此结果再经过逆初始置换 IP^{-1}，将数据重新排列，得到 64 位密文。至此加密过程全部结束。

DES 加密过程可用如下数学公式描述：

$$\begin{cases} L_i = R_{i-1} \\ R_r = L_{i-1} \oplus f(R_{i-1}, K_i) \\ i = 1,2,3,\cdots,16 \end{cases}$$

(2)DES 加密的详细过程

①初始置换 IP。初始置换 IP 的作用是将 64 位明文打乱重排，并分为左右两半。左边 32 位构成 L_0，右边 32 位构成 R_0，供后面的加密迭代使用。初始置换 IP 后的数据 1,2,…,64 位依次是原 64 位明文数据的 58,50,7 各位。子密钥的产生，64 位密钥经过置换选择 1、循环左移、置换选择 2 等变换，产生 16 个子密钥。64 位密钥分为 8 个字节，每个字节的第 8 位是奇偶校验位。置换选择 1 的作用是从 64 位密钥中去掉 8 个奇偶校验位，且将其余 56 位数据重排，将所得数据的前 28 位作为 D_0，后 28 位作为 D_0。置换选择 1 说明：C_0 的各位依次为密钥中的第 57,49,…,36 位；D_0 中的各位依次为密钥中的第 63,55,…,4 位。

②加密函数。加密函数 f 是 DES 的核心，f 作用是在第 i 次加密迭代中用子密钥 R_{i-1} 对明文进行加密。加密迭代中，利用选择运算 E 对 32 位 R_{i-1} 的各位进行选择和排列，产生一个 48 位的结果，其次结果与子密钥 K_i 模 2 相加，然后送入选择函数组，由 8 个选择函数（S 盒子）组成，每个 S 盒子有 6 位输入，产生 4 位输出，结果得到一个 32 位数据组，其次结果经过置换运算 P，将其各位重排，得到加密函数的输出 $f(R_{i-1}, K_i)$。

选择运算 E 对 32 位的数据组的各位进行重排，产生一个 48 位的结果。加密时数据组为 R_i，解密时数据组为 L_i。

选择函数组 S 由 8 个选择函数（S 盒子）组成，8 个选择函数分别记为 $S_1, S_2, \cdots, S_8$。选择函数组 S 的输入是一个 48 位的数据组，从第 1 位到第 48 位依次加到的输入端。每个选择函数有 6 个输入和 4 个输出，选择函数内部有一个选择矩阵，选择矩阵有 4 行 16 列，每个选择函数的 6 位输入组成一个 6 位的二进制数字组，输入二进制数字组中的第 1 和第 6 两位所组成的二进制数值代表选中的行号，其余 4 位所组成的二进制数值代表选中的列号，处于被选中的行和列的焦点处的数字便是选择函数的输出（以二进制形式输出）。

第 2 次加密迭代至第 16 次加密迭代过程同第一次加密迭代。逆初始置换 IP^{-1}，逆初始置换 IP^{-1} 是初始置换 IP 的逆变换，把第 16 次加密迭代的结果重排，形成 64 位密文。至此，加密过程全部结束。

2. DES 的解密过程

DES 是对称加密算法，解密与加密运算相同，只是子密钥的使用顺序不同。64 位密文作为明文输入，第1次到第16次解密迭代使用的子密钥依次为K_{16}，K_{15}，…，K_1，最后输出的便是64位明文输出。

3. DES算法的工作模式

DES有电子密码本(ECB)、密码分组链接(CBC)、密文反馈(CFB)和输出反馈(OFB)四种工作模式。

(1)ECB(Electronic Code Book)模式

ECB是直接应用密码算法的工作模式：将明文M分成64位的分组A，各分组用给定的密钥K进行加密，得到密文分组：$C=DES_K(p_i)$。将各密文分组按顺序连接起来即可得到明文的密文。

ECB模式的缺点是在给定密钥的条件下，同一明文分组总是得到同样的密文分组，从而会显示明文数据的格式和统计特征。

(2)CBC(Cipher Block Chaining)模式

CBC模式的工作模式：每个明文分组p_i在加密之前先与前一密文分组C_{i-1}按位模2求和后，再对结果运用DES算法。对于第一个明文分组，由于还没有反馈密文，需预置一个初始向量**IV**。

CBC模式可以通过反馈增加输出密文与以前各明文的相关性，从而实现隐蔽明文的目的，但是这也可能导致错误的传播。

(3)CFB(Cipher Feed back)模式

CFB模式是把DES作为一个流密码产生器。p_i和C_i为n位分组。首先将移位寄存器最右边的64位送到DES进行加密；将加密结果的最左边n位与n位明文分组p_i做异或运算得到了密文分组C_i。然后将得到的密文分组送至移位寄存器的最右端，其他位向左移n位，最左端n位丢弃。继续下一分组的运算。对第一个分组同样需要预设初始向量**IV**。

CFB是密文反馈，对信道错误较敏感，可能会造成错误传播。

(4)OFB(Output Feed Back)模式

OFB模式也是把DES作为密文流产生器，不同的是它把输出的n位密钥直接反馈至移位寄存器，即DES的输入端。

4. DES算法分析

DES是目前应用最广泛的加密算法。对DES攻击最有效的方法是穷举法。不过，理论上已经找到了比穷举破译更有效的方法，如微分密码分析和线形密码分析，它们恢复DES密钥比穷举破译快500倍以上，但要求有243字节以上的已知明文。

另外，DES密钥的长度仍然是一个问题，不能完全对付穷举破译。DES还存在一些弱密钥和半弱密钥，也就是说产生的16个子密钥有完全相同(弱密钥)和部分相同(半弱密钥)的情况。密钥的所有可能组合情况的集合构成密码算法的整个密钥空间。

(三)序列密码与 A5 算法

序列密码又称流密码,它的工作方式是将明文划分成字符或其编码的基本单元,然后将其与密钥流作用以加密,解密时以同步产生的相同密钥流作用实现解密。序列密码的加密强度取决于密钥流生成器所产生的序列的随机性和不可预测性,所以序列密码的关键技术是密钥流生成器的设计和保持收发两端密钥流的精确同步等方面。

A5 算法是欧洲 GSM 标准中规定的一种序列加密算法,用于数字蜂窝移动电话从用户设备到基站之间的链路加密,主要包括 A5/1 和 A5/2。A5/1 算法主要由 3 个长度不同的线性反馈移位寄存器 R1、R2 和 R3 组成,寄存器长度分别为 19、22 和 23。3 个移位寄存器在时钟控制下进行左移,每次左移后将寄存器中的某些位异或后的结果填入寄存器最低位。

A5 算法的输入是 64 位的会话密钥 K_c 和 22 位的随机数。移位操作遵循“多数为主”的原则,即从每个寄存器取出一位,当这三个位中有两个或两个以上的值等于 1 时,则将取出位为 1 的寄存器进行移位,而取出位为 0 的不移位;当三个取出位中有两个或两个以上的 0 时,将取出位为 0 的寄存器进行移位,为 1 的寄存器不移位。最后,将三个移位寄存器最高位的异或运算结果作为输出。

(四)其他对称加密算法

1. IDEA 算法

IDEA(International Data Encryption Algorithm),即国际数据加密算法,是一个分组长度为 64 位的分组密码算法,密钥长度为 128 位,同一个算法既可用于加密,也可用于解密。IDEA 的加密过程包括两部分:①输入的 64 位明文分组分成 4 个 16 位子分组:X_1、X_2、X_3 和由 4 个子分组作为算法第一轮的输入,总共进行 8 轮的迭代运算,产生 64 位的密文输出;②输入的 128 位会话密钥产生 8 轮迭代所需的 52 个子密钥。

产生于密钥的方法:①输入的 128 位密钥分成 8 个 16 位子密钥(包括第 1 轮运算的 6 个密钥和第 2 轮运算的前 2 个密钥);②将 128 位密钥循环左移 25 位后得到 8 个子密钥(前 4 个用于第 2 轮运算,后 4 个用于第 3 轮运算);③重复上述两步过程直至产生所有密钥。

IDEA 的解密过程和加密过程是相同的,只是在子密钥的要求上有所不同。

2. RC2 算法

RC2 是 Ron Rivest 为 RSA 数据安全公司(RSADSI)设计的密钥长度可变的加密算法,其软件实现速度比 DES 快 3 倍。加密时,密钥预处理成 128 字节的相关密钥表,所以有效的不同密钥的数目是 21、24。RC2 没有 S 盒,两个运算是“混合”和“掩码”。

3. RC4 算法

RC4 算法以 OFB 方式工作,有一个 8×8 的 S 盒,加密速度很快,大约比 DES 快 10 倍。算法中所有项都是数字 0 到 255 的置换,并且这个置换是一个可变长度密钥的函数。

字节 K 与明文异或产生密文或者与密文异或产生明文。

初始化 S 盒也很容易。首先,进行线性填充:$S_0=0,S_1=1,\cdots,S_{255}=255$。然后用密钥填充另一个 256 的字节的数组,不断重复密钥直至填充到整个数组中 $K_0,K_1,\cdots,K_{255}$。

4. RC5 算法

RC5 算法是一种参数变量的分组密码算法,即分组、密钥和加密轮数都可变。该算法使用三种运算,即异或、加法和循环。RC5 算法包括三部分,即加密、解密和密钥扩展。

(1)加密

设选用的数据分组长度为 $2w$ 位(w 的允许值有 16、32 和 64,常用的是 32),迭代次数为 r 轮(r 表示加密的轮数,允许值为 0~255),加密需要 $2r+2$ 个 w 位子密钥:$S_0,S_1,\cdots,S_{2r+1}$。加密时,首先将明文划分成两个 w 位的字 A 和 B,然后进行运算。

(2)解密

解密时把密文分组划分为 A 和 B 两个字,然后对于 $i=r$ 递减至 1。

(3)密钥扩展

创建密钥组很复杂。首先,把密钥字节拷贝 w 到位字的数组 L 中(如果需要,最后一个字可以用零填充)。然后,利用线性同余发生器模 2^w 初始化数组 S。

5. Blowfish 算法

Blowfish 算法是由 Bruce Schneier 设计的一个 16 轮分组密码算法,明文分组长度为 64 位,密钥可从 32~448 位变化。Blowfish 算法由密钥扩展和数据加密两部分组成。

(1)数据加密

Blowfish 算法首先将明文 x 分成 x_L 和 x_R 两部分,数据加密总共进行 16 轮的迭代。其中,P 阵为 18 个 32 位子密钥 $P_1,P_2,\cdots,P_{18}$。函数 F 完成下列运算:把 x_L 分成 a、b、c、d 四个 8 位子分组,分别送入 4 个 S 盒(每个 S 盒为 8 位输入 32 位输出),S 盒的输出经过运算组合出 32 位输出,为

$$F(X_L)=((S_{1,a}+S_{2,b}\bmod 2^{32})\mathrm{XOR}S_{3,c})+S_{4,d}\bmod 2^{32}$$

其中 S_i,x 表示子分组 $z(x=a,b,c,d)$ 经过 $S_i(i=1,2,3,4)$ 盒的输出。

解密过程和加密过程完全一样,只是密钥 $P_1,P_2,\cdots,P_{18}$ 以逆序使用。

(2)密钥扩展

密钥扩展是将长度为 32~448 位的密钥转变成 18 个 32 位的子密钥。

(五)对称密码体制的安全性

对称密码系统的安全性依赖于以下两个因素:

①加密算法必须足够强,使得仅仅基于密文本身去解密信息在实践上不可能。

②加密方法的安全性依赖于密钥的秘密性,而不是算法的秘密性。

因此,没有必要确保对称密码算法的秘密性,而需要保证密钥的秘密性。因为算法不需

要保密，所以制造商开发出低成本的芯片以实现数据加密，适合于大规模生产。此外，对称加密系统的算法实现速度极快，软件实现的速度都达到了每秒数兆或数十兆比特。这些特点使对称密码体制有着广泛的应用。

对称加密系统最大的问题是密钥的分发和管理复杂、费用高昂。例如，对于具有 n 个用户的网络，需要 $n(n-1)/2$ 个密钥。在用户群不大的情况下，对称加密系统是有效的。但是对于大型网络，当用户群大、分布广时，密钥的分配和保存就成了大问题。对称加密算法另一个缺点是不能实现数字签名。

二、非对称密码体制

公钥密码体制采用加密密钥和解密密钥，一个密钥可以公开，称为公钥；另一个密钥为用户专用，称为私钥。

公钥密码系统可用于以下三个方面：

①通信保密。此时将公钥作为加密密钥，私钥作为解密密钥，通信双方不需要交换密钥就能够实现保密通信。这时，通过公钥或密文分析出明文或私钥是不可行的。

②数字签名。将私钥作为加密密钥，公钥作为解密密钥，实现由一个用户对数据加密而使多个用户解读。

③密钥交换。通信双方交换会话密钥，从而加密通信双方后续连接所传输的信息。每次逻辑连接使用一把新的会话密钥，用完就丢弃。

（一）公钥密码体制的基本原理

随着数学和计算机科学的发展，计算数学中出现了一个新领域——计算复杂性理论，它主要研究计算一个数学问题，即所需付出的代价和问题的可解性，该理论已成为密码技术，尤其是非对称密钥密码技术的理论基础。

从计算复杂性理论的角度看，一种密码的破译可归结为求解某个典型的数学问题，要衡量一个密码算法的保密强度如何，对这个密码进行彻底分析，然后设计出一个能在计算机上破译密码的计算方案，根据实际破译所需要耗费的代价来评价密码算法的保密强度。

求解一个问题的算法所需花费的时间和空间代价，与所给定问题的规模有关。当给定一个特定的求解问题的算法后，执行算法所需的时间也随之确定。设问题的输入为 n，求解问题所需的时间为函数 $f(n)$，如果存在一个常数 C，对于所有的 n，有

$$f(n) \leqslant C|g(n)|$$

则说函数 $f(n)$ 的计算复杂性是 $O(g(n))$。如果计算复杂性为 $O(n^c)$，称算法为多项式时间算法；如果计算复杂性为 $O(n^c)$，称算法为指数时间算法。多项式时间的算法容易求解，而指数级时间的算法却难以求解。

用P问题表示所有用多项式时间解决的问题。对于一个问题的任何实例，对给出的任意一个猜测，在多项式时间内判定猜测是否正确，这一类问题称为NP(Nondeterministic Polynomial)问题。显然，P问题是NP问题的子集。但是，反过来说，凡是能在多项式时间内判定解的正确性的问题，是否一定存在着多项式时间的求解算法，即是否"P=NP?"，这一问题至今在理论上还未解决。

如果证明P=NP，那么现有的所有密码算法(一次一密除外)都存在多项式时间内的破译算法；如果P是NP的真子集，只要选取一个属于NP但不属于P的问题作为加密算法，就可以从理论上证明其保密强度已经达到了实际不可破译的程度。

NP问题中特殊的子集是NP完全问题。NP中的任何问题可以通过多项式时间转换为一个完全问题。NP完全问题是所有NP问题中最难的问题，密码问题达到完全问题的水平是最基本要求。非对称密钥密码体制建立在已知的NP完全问题之上。

自公钥加密问世以来，学者们提出了许多种公钥加密方法，它们的安全性基于复杂的数学难题。根据所基于的数学难题来分类，有三类系统被认为是安全和有效的，即大整数因子分解系统、椭圆曲线离散对数系统和离散对数系统。

(二)RSA算法

RSA算法是一种分组密码体制，是第一个既能用于数据加密也能用于数字签名的算法。它的保密强度是建立在具有大素数因子的合数，其因子分解是NP问题这一数学难题的基础上的，因此RSA算法具有很强的保密性。据猜测，从一个密钥和密文推断出明文的难度等同于分解两个大素数的积。

1. RSA算法描述

为描述RSA算法，定义以下参数：

①p和q为随机大素数(秘密的)；

② $r=p\times q$(公开的)；

③ $\Phi(r)=(p-1)(q-1)$(秘密的)；

④S_k为解密密钥(秘密的)；

⑤P_k为加密密钥(公开的)；

⑥X为明文(秘密的)；

⑦Y为密文(公开的)。

其中P_k满足$(P_k,\Phi(r))=1$；$S_k\cdot P_k\equiv 1 \bmod \Phi(r)$。

算法描述：

第一，密钥的求取。

①选取两个随机大素数：P和q。

②$r=p\times q$ 求和欧拉函数 $\Phi(r)=(p-1)(q-1)$。

③选取加密密钥 P_k，满足 $(P_k,\Phi(r))=1$。

④选取解密密钥 S_k，使其满足 $S_k \cdot P_k \equiv 1 \bmod \Phi(r)$。

第二，公布 r 和 P_k。将 p、q 和 S_k 保密。

第三，加密。将明文 X 分块，块长为 $[0,r-1]$。对每块明文 X_i 进行加密运算：

$$X_i=Y_i^{S_k}(\mathrm{mod\ r})$$

第四，解密。对每块密文 Y_i 做解密运算：$X_i=Y_i^{S_k}(\mathrm{mod\ r})$，将 X_i 还原成 X。

2. RSA 算法理论证明

RSA 算法是以推广的欧拉(Euler)定理为基础的。

欧拉定理：$a^{\Phi(r)}=1 \bmod r$

其中：

第一，a 对 r 必须是互素的。

第二，$\Phi(r)=r(1-1/p_1)(1-1/p_2)\cdots(1-1/p_n)$，式中 $p_1,p_2,\cdots,p_n$ 是 r 的素数因子。因为

$$a\equiv b \bmod r$$

所以对于任意幂 m，有

$$a^m\equiv b^m \bmod r$$

则欧拉定理 $a^{\Phi(r)}=1 \bmod r$ 可推广为

$$a^m\Phi(r)=1 \bmod r$$

若 $a\equiv b \bmod r$，则对于任意整数 c，有

$$ac\equiv bc \bmod r$$

对 $a^{m\Phi(r)}=1 \bmod r$ 取 $a=X$，则有

$$ac\equiv bc \bmod r$$

选择公开密钥 P_k 和秘密密钥 S_k，使得

$$P_k \cdot S_k=m\Phi(r)+1 \text{ 或 } P_k \cdot S_k=1 \bmod (\Phi(r))$$

现在建立加密和解密表示为

$$Ep_k(X)=Y\equiv X^{P_k}(\mathrm{mod}\ r)$$

$$D_{S_k}=Y^{S_k}(\mathrm{mod}\ r)\equiv X^{P_k \cdot S_k}(\mathrm{mod}\ r)\equiv X(\mathrm{mod}\ r)$$

由于乘法运算的可交换性，即 $S_k \cdot P_k=P_k \cdot S_k$，因此，先进行加密运算再进行解密运算，同先进行解密运算后进行加密运算是等价的，即有

$$D_{S_k}(Ep_k(X))=Ep_k(D_{S_k}X)\equiv X \bmod r$$

第三，若 $b_x d=1$ 是两个素数因子的乘积，X 限制在加密和解密所要求的集合 $\{0,1,\cdots,r-1\}$

之中，则对于任何明文 X 有 $X^{\mathrm{mod}\ r+1} \equiv X(\mathrm{mod}\ r)$。

证明：$p=2,q=3,r=6,\Phi(r)=2$

与 r 互素的 X 集合：{1,5}。

与 p 互素的 X 集合：{1,3,5}。

与 q 互素的 X 集合：{1,2,4.5}。

对于 $X=0$ 的情况是当然成立的。

下面证明当 $X>0$ 的情况下成立。

若 X 不是与 $r=pq$ 互素的，则 X 必须包括 P 或 q 作为一个因子。设 p 为 X 的因子，对于某些正整数 c，有关系式 $X=cp$。由于 X 限于集合 $\{0,1,2,\cdots,r-1\}$，其中，且 $r=pq$，从而可知 X 必定对于 q 是互素的，否则 X 将包含 q 作为一个因子，在这种情况下 X 将超出 $r-1$。由欧拉定理有 $X^{\Phi(q)} \equiv 1(\mathrm{mod}\ q)$，其中 $\Phi(q)=q-1$，因此 $X^{m(p-1)\Phi(q)} \equiv 1^{m(p-1)} \equiv 1\ \mathrm{mod}\ q$，又因为 $(p-1)\Phi(q)=(p-1)(q-1)=\Phi(r)$，所以 $X^{m\Phi(r)} \equiv 1\ (\mathrm{mod}\ q)$ 或对于某些整数 n 有 $1=X^{m\Phi(r)+nq}$，用 $X=cp$ 分别乘以等式两端，得 $X=X^{m\Phi(r)+1}+(nq)(cp)=X^{m\Phi(r)+1}+ncr$，因此，$X^{m}\omega(r)+1 \equiv X\ (\mathrm{mod}\ r)$。

对于 q 为 X 的一个因子的情况，可用同样的方式来证明。证明完毕。

3. 素性判定

在实现 RSA 算法时，第一步产生大素数。目前，寻找适合于 RSA 算法素数最实用的办法是随机测试法，其思想是测试随机产生的整数，验证其是否是素数。这种方法的理论基础是基于素数定理。素数定理如下：

$$\lim_{x \to \infty}\left(\frac{\pi(x)}{x/\ln x}\right)=1$$

式中，$x/\ln x$ 为估计的素数的数目。

我们把判定一个整数是否为素数简称为素性判定。目前，利用计算机来进行素性判断常用的方法有 Wilson 定理、勒曼测试、Rabin 测试、SPPT 方法测试进行判断等。

4. RSA 算法的实现

(1)RSA 参数的产生

①产生素数 p 和 q。

产生两个大素数是求 RSA 算法的第一步的关键。

②计算 $r=p\times q,\Phi(r)=(p-1)(q-1)$。

由于 p 和 q 是几十位甚至上百位的大素数，因此，利用已有计算机语言提供的运算可能产生溢出，因此必须自己编制加、减、乘、除及求余的算法来运算。

③选择 S_k。

从前面的证明中看出，S_k 和 P_k 的地位可以互换，因此先求哪一个都是一样的。首先求

取私有密钥 S_k，使其满足 $gcd(S_k,\Phi(r))=1$。产生私有密钥 S_k 的思想：随机产生一个要求位数的大数 a，然后判断 $gcd(a,\Phi(r))$ 是否为 1，则 $S_{K=a}$，否则再随机产生 a，进行判断。在这一过程中用到了欧几里得算法。

欧几里得算法：若 $a=bn+c$，则 a 与 b 的最大公约数就等于 b 与 c 的且大公约数。因此，欧几里得算法可用来判断 a 与 b 是否互素。

设给定两个正整数 a 和 b，欧几里得算法决定一个矢量 (a_1,a_2,a_3)，使其满足 $aa_1+ba_2=a_3=(a,b)$，算法引入两个辅助矢量 (b_1,b_2,b_3)，(t_1,t_2,t_3)，全部矢量按下述关系进行运算：

$$at_1+bt_2=t_3$$

$$aa_1+ba_2=a_3$$

$$ab_1+bb_2=b_3$$

(2)RSA 算法进行加密和解密

RSA 算法的加密对象是数字化信息，对于待加密的明文，不论是语言、文字，还是数据和 ASCⅡ码，总能用[0,$r-1$]之间的一个整数来表示，也就是把一条较长的明文信息先按定长分组，再分别用一个整数来代替每一个分组。

分组之后进行高次幂剩余计算。在计算 $y^x \bmod r$ 时，如果按照常规的方法，先计算 y^x，再进行求余运算，则显然是不合实际的，因为整数 y 的高次幂容易使计算机产生溢出。

$$x=x_n2^n+x_{n-1}2^{n-1}+x_{n-2}2^{n-2}+\cdots+x_12^1+x_0$$

式中

$$x_i\in\{0,1\},x_n=1$$

所以 y^x 可转化为如下形式。

$$\begin{aligned}
y^x &=y^{x_n2^n+x_{n-1}2^{n-1}+x_{n-2}2^{n-2}+\cdots+x_12^1+x_0}\\
&=(y^{x_n2^{n-1}+x_{n-2}2^{n-2}+\cdots+x_1})^2\cdot y^{x_0}\\
&=((y^{x_n2^{n-2}+x_{n-3n-2}+\cdots+x_2})^2\cdot y^{x_1})^2\cdot y^{x_0}\\
&\cdots\\
&=((\cdots((y^{x_n})^2\cdot y^{x_{n-1}})^2\cdots\cdot y^{x_2})^2\cdot y^{x_1})^2\cdot y^{x_0}
\end{aligned}$$

所以 $y^x \bmod r=<y^x>r=((\cdots((y^{x_n})^2\cdot y^{x_{n-1}})^2\cdots\cdot y^{x_2})^2\cdot y^{x_1})^2\cdot y^{x_0}$

在用 A 算法实现加密时，具体步骤为：

第一，输入 X,P_K,P_K。

第二，求出 P_K 的二进制展开。

①初始化：$x\leftarrow P_K,b\leftarrow 0$。

②判断：如 $x=0,b\leftarrow d_{i-1}\cdots d_1d_0$，转至($f$)。

③判断：如 $<x>_2=0,d_{i-1}\leftarrow 0$；如 $<x>_2=1,d_i\leftarrow 1$。

④除法 $x \leftarrow [x/2], i \leftarrow i+1$。

⑤返回第二步。

⑥输出 $b = d_{i-1} \cdots d_1 d_0$。

第三，初始化 $y=1$。

第四，当 $i=k, k-1, \cdots, 1, 0$ 时，重复执行 C1～C3。

C1：$y \leftarrow \langle y^2 \rangle_r$。

C2：如 $d_i=1$，则 $y \leftarrow \langle yx \rangle_r$。

C3：返回 C1。

第五，结束，y 即为所求结果。

解密运算方法同上。

(3)总结

总结前述过程，看出 RSA 算法实现加、解密过程如下所述：

第一，随机地选择两个秘密的素数 p 与 q。

第二，计算公开的模数 $r = p \times q$。

第三，计算秘密的欧拉函数 $\Phi(r) = (p-1)(q-1)$。

第四，选择一个与 $\Phi(r)$ 互素的数 K，K 定义为秘密密钥或公开密钥 P_K。

第五，用欧几里得算法计算模为 $\Phi(r)$ 时，K 的乘法逆元素，这个数规定为秘密密钥 S_K 或公开密钥 P_K，它取决于第四步的选择。

第六，将明文 X(取值范围在 $0 \sim r-1$ 之间)自乘 P_K 次幂后按 r 取模进行加密运算，从而产生密文 Y(取值范围在 $0 \sim r-l$ 之间)。

第七，将密文 Y(取值范围在 $0 \sim r-1$ 之间)自乘次幂后按取模进行解密运算，从而产生明文(取值范围在 $0 \sim r-l$ 之间)。

5. RSA 算法的保密性分析与改进

(1)算法攻击

密码分析者是从 (P_K, r) 和密文 Y 中破译出明文 X，或者从明文 X，密文 Y 和 (P_K, r) 中破译出密钥 S_K。密码分析者要想击破 RSA 密码体制，采用下面几种方案：

第一，将模 r 分解。

第二，已知 P_K, r，计 $\Phi(r)$。

第三，已知 P_K, P_K，不求 $\Phi(r)$ 而计算出 S_K。

第四，用其他方法计算 S_K。

RSA 算法是第一个能同时用于加密和数字签名的算法，易于理解和操作，从提出到现在经历了多个年头的各种攻击考验，逐渐成为人们普遍接受的非对称密码方案。

(2)RSA 算法存在的问题

①迄今为止,人们对 RSA 算法的研究还不及对 DES 算法透彻;②产生密钥很麻烦,受到素数产生技术的限制,因而难以做到一次一密;③计算复杂和运算时间长是 RSA 算法的主要缺点;④若不细心挑选 p 和 q,则无须分解可破译 RSA 算法;⑤对于任一选择的密钥,至少有 9 个明文消息不会用来加密隐匿,即对于任意的和,至少有 9 个 X,有 $X^{PK} \bmod r=X$。

(3)RSA 算法中参数的改进

为增加 RSA 算法的安全性,在允许的情况下,选取 RSA 参数要遵循以下几条:

第一,p 和 q 要足够大。

p 和 q 一般在 1 075～10 100 之间,不会在有效时间内被密码分析人员破译出参数。

第二,p 和 q 要满足强素数的条件。

强素数 p 应满足以下几个条件:①p 是一个位数足够长的随机选择的素数;②$p-1$ 有一个大的素数因子 r;③$p+1$ 也有一个大的素数因子 s;④$r-1$ 也有一个大的素数因子。

第三,p 和 q 在位数上要相差几位数字,$p-q$ 的差值有一个较大的变化范围,如果 p 和 q 的数值相当接近,则$\frac{1}{2}(p+q)\approx\sqrt{r}$,并且$\frac{1}{2}(p-q)$是一个相当小的数。因此等式$\left(\frac{p+q}{2}\right)^2-r=\left(\frac{p-q}{2}\right)^2$ 的右端是一个相当小的平方数,这样可以利用 Fermat 因式分解将 r 分解因数。

第四,$(p-1)$和$(q-1)$都应含有大的素数因子,以增加攻击者猜算出的困难性。

第五,$\gcd(p-1,q-1)$应当小。

第六,解密密钥 S_K 的选取:首先选择 S_K 的范围应该足够大,使破译者不能通过直接搜索法求解它。对 S_K 的限制是 $\gcd(S_K,\Phi(r))=1$,这就意味着可有 $\Phi(\Phi(r))$种可能性来选择 S_K,一般可取大于 p、q 且小于 $\Phi(r)$的素数,这个工作相当于寻找大的"随机"素数。

6. RSA 算法的应用

(1)数字签名

发送者 A 用其秘密密钥 S_{KA} 对报文 M 进行解密运算,得到 $DS_{KA}(M)$,用 B 的公开密钥 P_{KB} 做加密运算得到 $EP_{KB}(DS_{KA}(M))$,然后将其传送给接收者 B;B 先用自己的秘密密钥 S_{KB} 进行解密运算,得到 $DS_{KA}(M)$,再用 A 的公开加密密钥 P_{KA} 做加密运算恢复出明 $EP_{KA}(DS_{KA}(M))=M$。在此过程中,因为除 A 外没有别人能具有 A 的解密密钥 S_{KA},所以除 A 外没有别人能产生密文 $DS_{KA}(M)$,这样,报文 M 就被签名了。若 A 要抵赖曾发送报文给 B,B 可将 M 及 $DS_{KA}(M)$出示给公证机关,公证机关很容易去用 P_{KA} 证实 A 确实发送消息 M 给 B。反之,如果 B 将 M 伪造成 M,则 B 不能在第三者面前出示 $DS_{KA}(M)$,这样就证明 B 伪造了报文。从上述过程可以看出,用 RSA 算法实现数字签名,操作既简便,又可以实现对信息的加密和报文来源的鉴别。

(2)身份认证

首先,将自己的身份传送给 B,但 B 不能确定此信息是来自 A 还是窃密者 T;B 产生一个很大的随机数 R_B,用 P_A 加密 R_B 得到 $EP_A(R_B)$ 传送给 A,并用 S_B 做 $DS_B(EP_A(R_B))$ 运算并将结果传送给 A。A 对 $EP_A(R_B)$ 解密得到 $DS_A(EP_A(R_B))=R_B$,由于 A 知道 S_A,因此只有 A 才可求得 R_B,然后 A 用 P_B 将 $DS_B(EP_A(R_B))$ 加密,得到 $EP_BDS_BEP_A(R_B)=EP_A(R_B)$。由于只有合法 B 的才拥有 S_B,因此通过将计算结果与 $EP_A(R_B)$ 比较,A 可以确认通信对方是 B;合法者 A 将求得的 R_B 用 R_B 加密传送给 B,因为只有合法 A 的求得 R_B,从而得到正确的 $EP_B(R_B)$;B 只需用 DS_B 解密 $EP_B(R_B)$ 即可得到 $DS_BEP_B(R_B)=R_B$,将此 R_B 与原来的 R_B 做对比确认对方是 A。

(3)密钥管理

由密钥分发中心(KDC)为每个用户提供用 RSA 算法实现的公开密钥 P_K 和秘密密钥 S_K 作为各个用户的主密钥。当用户要与其他用户通信时,由发方随机产生一个大数,作为工作密钥,然后发方用自己的秘密密钥和收方的公开密钥 P_K 对工作密钥进行加密,将结果传到收方。收方用自己的秘密密钥 S_K 和发方的公开密钥 P_K 进行反变换,得到工作密钥;双方用此工作密钥进行保密通信(这种密码体制属于传统加密体制,如 DES)。从上述过程可以看出,这种方式既能保证工作密钥的安全性,又能实现每次通信都使用不同的密钥,做到一次一密,提高了通信的安全性。

(4)加密

RSA 算法最基本的用处是用于对文件、电子邮件等信息进行加密。

(三)ECC 算法

DSA(Data Signature Algorithm)是基于离散对数问题的数字签名标准,它仅提供数字签名,不提供数据加密功能。安全性更高、算法实现性能更好的椭圆曲线加密算法 ECC(Elliptic Curve Cryptography)基于离散对数的计算困难性。

椭圆曲线加密方法与 RSA 方法相比,有以下几种优点。

1.安全性能更高

加密算法的安全性能一般通过该算法的抗攻击强度来反映。ECC 和其他公钥系统相比,其抗攻击性具有绝对的优势。如 160 位 ECC 与 1 024 位 RSA、DSA 有相同的安全强度,而 210 位 ECC 则与 2 048 bit RSA、DSA 具有相同的安全强度。

2.计算量小,处理速度快

虽然在 RSA 中可以选取较小的公钥(可以小到 3)的方法提高公钥处理速度,即提高加密和签名验证的速度,使其在加密和签名验证速度上与 ECC 有可比性,但在私钥的处理速度上(解密和签名),ECC 远比 RSA、DSA 快得多。因此,ECC 总的速度比 RSA、DSA 要快得多。

3. 储存空间占用小

ECC 的密钥尺寸和系统参数与 RSA、DSA 相比小，这意味着它所占的储存空间更小。这对于加密算法在 IC 卡上的应用具有特别重要的意义。

4. 带宽要求低

当对长消息进行加密时，ECC 与 RSA、DSA 三类密码系统有相同的宽带要求，但应用于短消息时 ECC 带宽要求却低得多。而公钥加密系统多用于短消息，例如用于数字签名和对称加密系统会话密钥的传递。带宽要求低使 ECC 在无线网络领域具有广泛的应用前景。

ECC 的特点使它取代 RSA，成为通用的加密算法。例如，SET 协议的制定者把它作为下一代 SET 协议中默认的公钥秘密算法。

（四）Diffie－Hellman 算法

Diffie－Hellman 算法是第一个公开密钥算法，可用于密钥分配，但不能用于加密或解密信息，其安全性基于在有限域上计算离散对数困难。

Diffie－Hellman 密钥交换协议使得两个陌生的实体建立一个共享对称密钥。协议过程如下：

Alice 和 Bob 选取两个公开的大素数 n 和 g，$(n-1)/2$ 和 $(g-1)/2$ 也都是大素数。*Alice* 选取一个大数 x，x 不公开，并将 n，g，$g^x \bmod n$ 发送给 Bob。

Bob 选取一大数 y，y 不公开，并将 $g^y \bmod n$ 返回给 Alices。

Alice 计算 $(g^y \bmod n)^x = g^{xy} \bmod n$，Bob 计算 $(g^x \bmod n)^y = g^{xy} \bmod n$，此时 Alice 和 Bob 建立共享对称密钥玲 $g^{xy} \bmod n$。Trudy 可以截获 n、g、$g^x \bmod n$ 和 $g^y \bmod n$，但 Trudy 无法仅根据 $g^x \bmod n$ 计算出 x，也无法根据 $g^y \bmod n$ 计算出，因此 Trudy 无法获得共享对称密钥 $g^{xy} \bmod n$。

但是 Diffie－Hellman 密钥交换协议却受到一种被称为“中间人”攻击的威胁。下面分析中间人攻击过程：

当 Alice 向 Bob 发送 n、g、$g^x \bmod n$，Trudy 截取该信息，选取大数 n、g、$g^z \bmod n$ 作为替换发送 Bob。

Bob 返回 $g^y \bmod n$，Trudy 截取 $g^y \bmod n$，将 $g^z \bmod n$ 作为替换返回给 Alice。

Alice 计算 $(g^z \bmod n)^x = 8g^{xz} \bmod n$，Bob 计算 $(g^z \bmod n)^y = g^{yz} \bmod n$，Trudy 计算 $(g^x \bmod n)^z = g^{xz} \bmod n$，$(g^y \bmod n)^z = 8g^{yz} \bmod n$，因此 Trudy 分别与 Alice 和 Bob 建立共享对称密钥，此后 Trudy 就可截取并替换 Alice 和 Bob 的通信，而 Alice 和 Bob 并不知道受到攻击。

（五）散列算法

为了保证数据的完整性，使用散列函数创建摘要。所谓散列函数，又称哈希函数，是将

任意长度的消息 M 映射成一个固定长度的杂乱无章的散列值的函数：

$$h=H(M)$$

其中，h 的长度为 m。

散列函数具有以下特点：

①无冲突性。在计算上不可能发现两则不同的消息通过散列算法得到同样的散列值。

②单向性。给定一则消息的散列值，计算上不可能发现任何具有同样散列值的消息。

散列函数要具有单向性，则必须满足：①给定 M，很容易计算 h；②给定 h，根据 $H(M)$，h 反推 M 很难；③给定 M，要找到另一消息 M，并满足 $H(M)=H(M)$很难。

与密码算法不同的是，散列函数无法逆向应用，并且不带密钥。散列函数的安全性在于，虽然函数不能保证不同的输入信息一定产生不同的分解值，但是两个不同的信息分解成相同的输出值的可能性极小，单向散列函数是建立在压缩函数之上。

和密码算法一样，无法证明散列函数能防止除强行破译外的所有破译方法。对于强行破译散列函数，假设分解值的长度为 n，那么找到两条能分解为相同值的信息，需要尝试 $2^{n/2}$ 个随机的分解值。可以看到，强行破译散列函数也是一个指数级难题，给散列函数提供了实际的安全保证。单向散列函数除了用于保证数据的完整性外，还经常用于消息认证和数字签名。

1. 认证协议

认证即证明、确认个体的身份。为了在开放网络上实现远程的网络用户身份认证，ITU 制定了认证体系标准——《开放系统互连——目录服务：认证体系 X.509》。

X.509 作为规范目录业务的 X.500 系列的一个组成部分，定义了 X.500 目录向用户提供认证业务的一个框架和基于公钥证书的认证协议。由于 X.509 中定义的证书结构和认证协议广泛应用于 S/M1ME、IPSec、sSSL/TLS 以及 SET 等诸多应用协议，因此 X.509 已成为一个重要的标准。

X.509 的基础是公钥密码体制和数字签名，但其中并未特别指明使用哪种密码体制（建议使用 RSA），也未特别指明数字签名中使用哪种哈希函数。

X.509 中，对于认证推出了“简单认证”及“强认证”两种不同安全度的认证等级，并描述了公开密钥证书格式、证书管理、证书路径处理、目录数据树结构和密钥产生内容，还提到了如何将认证中心之间交叉认证的证书储存于目录中，以便减少证书验证时必须从目录服务中获得的证书信息量。

X.509 的主要内容包括简单认证（Simple Authentication）程序、强认证（Strong Authentication）程序、密钥与证书管理以及证书扩充与证书吊销列表扩充（Certificate and CRL Extensions）。

2. 数列函数

(1)MD4 算法

MD4 是 Ron Rivest 设计的单向散列函数,MD 表示消息摘要,对输入消息,该算法产生128 位散列值(或称消息摘要)。

该算法的设计目标如下:

①安全性。找到两个具有相同散列值的消息在计算上不可行,不存在比穷举攻击更有效的攻击。

②直接安全性。MD4 算法的安全性不基于任何假设,如因子分解的难度。

③速度。MD4 算法适用于高速软件实现,基于 32 位操作数的一些简单位操作。

④简单性和紧凑性。MD4 算法尽可能简单,没有大的数据结构和复杂的程序。MD4 算法适合微处理器结构,更大型、速度更快的计算机要做必要的转换。

(2)MD5 算法

MD5 算法是 MD4 算法的改进版,是一个典型的用于数字签名的散列函数。MD5 算法细节是公开的,而且经过众多的密码分析人员的分析,具有较高的安全性和实用性。PGP (Pretty Good Privacy)和 PEM(Privacy Enhanced Mail)都采用 MD5 作为数字签名的散列函数。

MD5 算法包括填充消息、附加长度、初始化 MD 缓冲区、按 512 位的分组处理输入消息及输出五个步骤。

(3)安全散列函数(SHA)

SHA(Secure Hash Algorithm)字面意思为安全的散列算法,由 NIST 算法、NSA 算法一同设计,已被美国政府采纳为散列算法标准。SHA 算法对任意长度的信息产生 160 位的散列值,比 MD5 算法长。SHA 算法首先将消息填充为 512 位的整数倍,填充方法与 MD5 算法完全一样。

与前面提到的加密算法一样,散列算法也多种多样。Tiger 是由 Anderson 和 Biham 提出的散列算法。RIPEMD－160 设计的目的是替代 MD5 算法,产生 160 位的分解值。对于各种散列算法,其安全性经过分析后,才给予认可。

3. 数字签名

计算机通信中,接收者需要验证一个信息,在传输过程中有没有被篡改,有时还需要确认消息发送者的身份,所有这些都可以通过数字签名来实现。

数字签名是以电子方式存储签名消息,在数字文档上进行身份验证的技术。接收者和第三方能够验证文档来自签名者,并且文档签名后没有被修改,签名者也不能否认对文档的签名。数字签名必须保障:

①接收者能够核实发送者对文档的签名。

②发送者事后不能否认对文档的签名。

③不能伪造对文档的签名。

一个数字签名方案由两部分组成，即签名算法和验证算法。其中，签名算法或签名密钥是秘密的，只有签名人知道，而验证算法是公开的。

数字签名的原理是将要传送的明文通过一种函数运算（散列）转换成报文摘要（不同的明文对应不同的报文摘要），作为信息的“字指纹”，报文摘要加密后与明文一起传送给接收方，接收方将接收的明文产生新的报文摘要，并与发送方发来报文摘要的解密结果比较，比较结果一致表示明文未被改动，签名验证成功。如果比较不一致，表示明文已被篡改。数字签名一般采用基于非对称密码体制的加密系统。

要使一个数字签名是安全实用的，应该做到：

①使签名与文件成为一个不可分割的整体，从而达到防止签名后被分割，用以替换文件、替换签名等形式的签名伪造。

②签名应该赋予时间特征，防止消息的重复使用。

与用作加密的密钥对相反，用作数字签名的密钥对，私有密钥绝对不能备份保存，它应当在有效期之后被立即销毁。如果私有密钥被泄露，就可能被用来伪造保密文件的签名，从而伪造整个被签名的文件。

三、数字证书

（一）证书的概念

数字证书是用于在 Internet 上标识个人或者机构身份的一种技术手段，是各类终端实体和最终用户，在网上进行信息交流及商务活动的身份证明。数字证书由一些公认的权威机构所认证，从而解决交易各方相互间的信任问题。

数字证书包含用户身份信息、用户公钥信息以及证书发行机构对该证书的数字签名信息。证书发行机构的数字签名确保证书信息的真实性，用户公钥信息保证数字信息传输的完整性，用户的数字签名保证数字信息的不可抵赖性。

一个身份证书只证明一个实体的身份，该实体称为证书的主体。一个证书的用户是一个依赖于证书中的信息的实体。证书用户信任发行证书的授权机构所发行的证书，即真正能证明证书主体的身份与公开密钥的合法性或能真实描述一个主体的信息的证书。证书的发行者通常被称为证书授权机构（简称 CA）。

数字证书是所有 PKI 功能实现的基础。从最基本的定义来看，证书只是一个公开密钥值。更通用地讲，证书是由发行者签名的信息的组合。对于不同的 PKI 来说，证书中包含什么样的信息，不同 CA 之间、证书的使用者与证书的主体之间的关系形式，它们之间的信任关系等都不一定相同。

（二）证书格式

一份数字证书包括公钥、个人、服务器或者其他机构的身份信息（称之为主题）。证书权威机构可以定义这些字段中哪些是必需的，哪些是可选的。证书中的数据域具体如下所述。

1. 版本号

若默认，则版本号为 1，如果证书中须有发行者或主体的唯一识别符，则版本号为 2，如果有一个或多个扩充项，则版本号为 3。

2. 序列号

序列号为一整数值，由同一 CA 发放的每个证书的序列号是唯一的。

3. 签名算法识别符

签名算法识别符指签署证书所用的算法及相应的参数。

4. 发行者名称

发行者名称指建立和签署证书的 CA 名称。

5. 有效期

有效期包括证书有效期的起始时间和终止时间。

6. 主体名称

主体名称指证书所属用户的名称，即这一证书用来证明私钥用户所对应的公开密钥。

7. 主体的公开密钥信息

主体的公开密钥信息包括主体的公开密钥、使用这一公开密钥的算法的标识符及相应的参数。

8. 发行者唯一识别符

这一数据项是可选的，当发行者（CA）名称被重新用于其他实体时，则用这一识别符来唯一标识发行者。

9. 主体唯一识别符

这一数据项也是可选的，当主体的名称被重新用于其他实体时，则用这一识别符来唯一识别主体。

10. 扩充域

扩充域包括一个或多个扩充的数据项，仅在第三版中使用。

11. 签名

CA 用自己的秘密密钥对上述域的哈希值进行数字签名的结果。

（三）证书策略

1. 证书的获取

当用户提出证书申请时，CA 利用浏览器连接到安全服务器——RA 操作员，发送请求。用户提供能够标识他自己的用户信息，然后 RA 操作员把这个请求通过安全连接传递给 RA

服务器。RA服务器会处理这个申请,并准备提交给CA进行签名。接着RA服务器的管理人员把证书申请文件通过安全渠道送到CA,由CA对申请按照本CA的管理章程进行审核,如果许可,则完成最后的证书签名以及制作,CA再通过安全途径把证书递交给RA服务器。此时,RA服务器把证书导入到LDAP目录服务器,可供他人查询。

CA为用户产生的证书应有以下特性:

①其他任一用户得到CA的公开密钥,就能由此得到CA为该用户签署的公开密钥。

②除CA以外,任何其他人都不能以不被察觉的方式修改证书的内容。

因为证书是不可伪造的,因此无须对存放证书的目录施加特别的保护。

2.证书的吊销

从证书的格式上看到,每个证书都有一个有效期,然而有些证书还未到截止日期就会被发放该证书的CA吊销,这可能是由于用户的秘密密钥已被泄露,或者该用户不再由该CA来认证,或者CA为该用户签署证书的秘密密钥已经泄露。

3.验证证书

当持证人甲想与持证人乙通信时,他首先查找证书数据库并得到一个从甲到乙的证书路径和乙的公开密钥。认证的运作方式有单向认证、双向认证和三向认证三种。

4.证书链构造

CA的层次结构可被映射为证书链,一条证书链是后续CA发行的证书序列。一条证书链对起始于层次分支,终止于层次顶部的证书路径进行跟踪。普通层次结构的CA规模适应性较好,但存在以下问题:在自顶向下的层次树中,所有用户都必须使用顶层CA作为他们的根CA,当进行证书路径查找和验证时,几乎所有路径都要经过根CA,一方面强迫PKI的用户都要信任根CA,另一方面根CA管理证书的负荷将不可忍受。如果采用交叉路径来缩减证书路径的长度,又会破坏层次结构的优点,给证书路径的查找带来困难,同时使证书的验证具有二义性。

5.证书链验证过程

证书链验证是确保给定的证书链是有效、可信、正确签名的,验证过程如下:①首先根据系统时钟对证书的有效期进行检查;②发行者证书定位,这可能是本地证书库或者由主体提供的证书链;③根据发行者证书的公钥验证证书签名;④如果发行者证书可信,验证成功。

(四)证书认证系统

1.X.509证书系统

X.509证书系统为X.509证书提供签名和鉴别服务。X.509公共密钥证书是用于给公开密钥赋予多个属性的数据结构。它可以向别人证明自己拥有公开密钥的人。证书本身包括公开密钥、证书主体的姓名及与它有关的其他信息。所有这些信息都集中在一起并且经过一个可靠者签字。X.509公共密钥证书一般用于PEM证书管理模式中。PEM领域中所有其他人都可以检查证书的CA签字，以确信密钥确实属于证书拥有者。

通常X.509证书中的拥有者姓名是一个独一无二的字符串(Distinguished Name,DN)。它由一系列的属性/值对或对象标识符构成。X.509证书可以和Internet上的域名目录结合起来，该域名目录的组织结构符合X.500目录服务规范。X.500目录规范不仅为个人命名提供格式，也可以为特定的对象提供命名格式。X.500命名采用树状结构。树的底部是其主要属性。

X.509证书根据具体采用的证书管理模式的不同而略有区别，一般证书都具有版本(Version)分区、序列号(Serial Number)分区、签名(Signature)分区、发行者(Issuer)、主体(Subject)、有效期(Validity)、主体公开密钥信息(Subject Public Key Info)分区等格式。

X.509和X.500最初是为离线环境下的网络证书管理设计的，当时Internet的规模小，X.509采用了CRL。它的版本一和版本二使用简单的CRL，并没有考虑CRL的大小和时间粒度问题。版本二在原来的基础上增加了许多灵活性，允许对证书和CRL的格式、内容进行扩充。

对CRL的扩展并没有从根本上解决其时间粒度问题，而且由于X.509证书的灵活性，不同的CA根据安全策略定义不同的证书格式与内容，给X.509证书系统的推广应用带来了版本和可移植性差的问题。

2.EM证书系统

PEM证书结构符合X.509标准，该结构包含的范围很广，从严格集中的等级形式系统到分散系统都能应用该证书模式。PEM证书结构中包含诸多信任条款，允许用户在最少干预的情况下自动实现对证书有效性的检查。

PEM证书管理模式是以证书授权机构(CA)的概念为基础的。根据X.509规范，CA是一个或多个用户所信赖的产生证书并对其签字的机构。在PEM领域中，CA是对证书签字的人。

这些CA呈树状结构组织。树的顶部是Internet PCA(政策证书授权)注册机构(Internet Policy Register Authority,IPRA)，它在Internet组织的支持下工作，IPRA不仅提供所有证书连锁汇集的共同参考点，还为PEM证书制定管理条款。

IPRA向次一级的机构，称为条款证书机构(Policy Certification Authorities,PCAS)签发证明。IPRA还负责PCAS的注册。每个PCA都必须制定文件说明IPRA的条款。IPRA这时就对该声明签字并向外分发，使每个用户都可以得到一份每个PCA的条款说明的签字副本。IPRA保证所有的PCA和CA名字都是独一无二的，而且它管理证书撤销列表。

DPRA只有一个，而PCA却有多个。每个PCA都有用户注册的不同条款。不同的用户会有不同的证书。PCA向CA签发证书。PEM制定三种不同类型的CA，分别是组织性的、地域性的和个人的。

CA向其他的CA或个人签发证书。某个单独的CA有多个PCA对它进行证明。对于不同的用户,都可以在PEM域中找到共同签字的CA。例如,Alice和Bob有不同的上级CA,但他们的上级CA有同一个上级CA,证书上也会有相同的签字。这种上溯形式最高可以到根CA处。

当两个网络通信的实体建立安全协作时,首先要向CA请求对方的证书,获得对方的公开密钥后,才能利用该公开密钥和非对称密钥体制的加密认证及数字签名算法建立安全、可靠的密钥交换与安全协作体制。PEM证书管理协议旨在制定一套完善的证书管理规范。

用户通过离线或在线的方式向CA请求证书。在线方式是用户通过通信网络实时地向CA请求证书,并且,在证书的请求过程中,采用必要的鉴别和签名机制,以确保用户是向合法的CA申请证书,证书的内容未经过中间人的篡改。离线方式是指用户通过电话和信函的方式从CA处申请和取得证书。

PEM证书管理协议的主要内容包括:①CA的建立;②端实体的初始化,包括获取根CA的公开密钥及其他一些信息;③证书管理;④证书/证书撤销列表(CRL)查询、发行,通信的实体可以查找自己或对方的证书或证书撤销列表;⑤恢复操作,密钥对的恢复,当用户忘记口令或遗失密钥链文件时,可从CA处恢复原来的密钥对;⑥撤回操作,包括撤回证书或正式撤销列表的请求;⑦PSE的操作,个人安全环境的维护和管理,即如何保存、更新、删除本地的证书。

当CA改变了自己的公开密钥时,用CA的私有密钥签名的证书都要受到影响。因此,端实体必须获得用CA旧的私有密钥签名的CA新的公开密钥,才能对短时期内用CA新的私有密钥签名的证书进行验证。为了保证证书的有效性,CA自己的公开密钥证书有效期必须大于它发行给端实体的公开密钥证书的有效期。为了更新CA自己的公开密钥,必须执行如下的操作:①产生一对新的密钥;②创建包含旧的CA公开密钥,并用CA新的私有密钥签名的证书;③创建包含新的CA公开密钥,并用CA旧的私有密钥签名的证书;④创建包含新的CA公开密钥,并用CA新的私有密钥签名的证书;⑤通过目录或其他方式发布新的CA公开密钥证书。

此后旧的CA公开密钥就不再需要了,但旧的CA公开密钥仍然要保存一段时间,当所有的端实体都更新了CA的公开密钥后,才不再需要CA旧的公开密钥。

由于PEM证书系统的CA遵循严格的层次结构,保证了证书的签名强度,适用于具有严格层次结构的管理部门和组织。但是,PEM证书系统在PCA注册条款上的灵活性,给跨域证书的验证和查询带来了困难。

PEM目前主要用于局域网范围内的保密邮件通信,它的严格层次CA组织方式限制了它在Internet全球网上的推广应用。

3. PGP证书系统

可信的Web证书管理模式采用PGP这种分散式的证书管理模式。每个PGP用户自己都是一个证书授权机构。例如,A作为一个PGP用户,要对他认为是真实的公开密钥给予签字证明。这些密钥可以是他的朋友的、同事的或是亲戚的。在这些情况下,他起到一个公证人的作用。

每个PGP证书上有多个机构证实它的有效性。这里不存在每个人都信任的证明机构。PGP用户依靠的是多个证书授权机构组成的巨大的机构网,每个机构都有一些人信任它。

这正是PGP证书管理模式的缺点:当你收到某人的证书时,你无法保证应该信任它。而采用PEM模式,可以向上级CA核实证书的可靠性。

在许多情况下,不需要绝对的证明,而是需要一个证明连续性。如果与网络上一个称为"John"的人通信,可以较合理地认为John还有一个真名。因此,PGP模式保护用户的一些隐私。由于PGP认为信任是一个社会的概念,所以它能方便地应用于像互联网这样分散式信息的交互证明。因此,将这种证书管理模式称为可信的Web证书管理模式。

PGP的密钥存储在密钥环上。PGP用户要存储其他用户的公开密钥副本。如果A经常与B通信,他就要在他的公开密钥环上保留B的公开密钥副本。如果他要的B的公开密钥没有在自己的密钥环上,他就要设法得到它。

4. 安全的DNS证书系统

所谓域名系统(DNS)是一个分布式的数据库,它能将Internet上的域名转换为IP地址。RFC 2065提出对DNS进行安全扩展的方法,允许它携带数字签名后的信息,如公开密钥资源,并对数据源进行鉴别。扩展后的DNS,每个域名都带有许多记录,如密钥记录、数字签名记录、记录的有效期等。某个区域内的所有域名记录都由该区域来签名,它充当了CA的角色。DNS内的数据鉴别通过以带外方式获得的一到多个可信的公开密钥开始:给定某个区域的公开密钥,获得它的子区域和上级区域的密钥。这样,用户可以不通过根密钥来查询证书。

(五)认证机构(CA)

CA是整个认证系统的核心,是信任的发源地。CA负责产生数字证书和发布证书撤销列表,以及管理各种证书的相关事宜。通常为了减轻CA的处理负担,专门用另外一个单独机构,即注册机构(Registration Authority,RA)来实现用户的注册、申请以及部分其他管理功能。

CA保存了根CA的私钥,对其安全等级要求最高。CA服务器具有产生证书、实现密钥备份功能。这些功能应尽量独立实施。CA服务器通过安全连接同RA和LDAP服务器实现安全通信。

在全世界的网络范围内只用一个CA来充当授权机构不合适。因此,许多PKI采用多个CA,允许用某个CA来证明其他的CA。假设A、B都由不同的CA为他们发行证书。当

A与B通信时,A必须直接知道B的CA公开签名密钥,或者A的CA能为B的公开密钥发行一个证书,然后A才可以只通过自己的CA公开签名密钥来安全地获得B的公开密钥。在上述情况下,为A和B发行的证书称为端用户证书,而A的CA为B的CA发行的证书称为CA证书。

一般情况下,A与B之间的证书路径上要经过多个CA。为了获得B的公开密钥,A要依次验证路径上的每个证书的合法性。这个过程称为证书路径的有效性验证。证书路径的长度是A和B之间CA的个数,或是A为了得到B的公开密钥需要验证的证书个数。

普通层次结构的CA规模适应性较好,但存在其他问题:在自顶向下的层次树中,所有用户必须使用顶层CA作为根CA。这就要求所有用户在使用PKI前获得一份根CA的公开密钥拷贝。必须充分信任根CA,这在实现广域网层次CA时是不可行的。当进行证书路径查找和验证时,几乎所有的路径经过根CA,一方面强迫PKI的用户信任根CA,如果根CA的私有密钥被窃取或公开,黑客就能利用它来伪造通过证书建立的安全通道中的消息;另一方面,根CA管理证书的负荷将难以承受。

(六)注册机构(RA)

考虑安全性,RA分成两个部分,即RA操作员和RA服务器。客户只能访问到RA操作员,而不能直接与RA服务器通信,所以RA操作员是互联网用户进入CA的访问点,客户通过RA操作员实现证书申请、撤销、查询等功能。RA服务器也配有LDAP服务器,由RA管理员管理。

RA操作员的主要功能:①获取根CA证书;②证书撤销列表;③验证申请证书的用户身份;④证书申请及列表;⑤获得已申请的证书;⑥发布有效证书列表;⑦证书撤销请求。

(七)黑名单(CRL)

证书中的信息早晚会过期。证书的用户在使用证书前要明确证书是否仍然有效,因此必须验证证书。验证证书有以下两种基本方式:

①当用户使用证书时,直接向CA询问证书的有效性,这称为在线的有效性验证。

②CA在发行的证书中设置有效期限,这称为离线的有效性验证。

PKI可以采用任何一种验证方法,也可以同时采用两种方法。与证书的有效性验证方法紧密相关的是证书撤销。证书撤销是让用户知道何时证书中的信息会失效。例如,当主体的私有密钥被泄露、主体的身份信息被变更时,都需要撤销原来发行的证书。

如果在用户每次使用证书验证证书的有效性时,那么证书撤销问题微不足道,CA告诉用户:需要验证的证书不合法。但是,当采用证书有效期限这种方法时,证书撤销变得很重要了。

如果缺乏在线的撤销途径,PKI常常采用证书撤销列表(Certificate Revolution List,CRL)。CRL是由CA签名并周期发布的被撤销证书的列表,其中存放所有未到期而被提前吊销的证书,包括该CA发放给用户和发放给其他CA的证书。CRL还必须由该CA签字,然后存放于目录中以供他人查询。

CRL 中的数据域包括发行者 CA 的名称、建立 CRL 的日期、计划公布下一 CRL 的日期以及每个被吊销的证书数据域。被吊销的证书数据域包括该证书的序列号和被吊销的日期。对一个 CA 来说,它发放的每个证书的序列号是唯一的,所以可以通过序列号识别每个证书。

每个用户收到他人消息中的证书时,必须在验证证书的有效期的同时从最新发布的 CRL 中查询证书是否已被撤销。为避免搜索目录引起的延迟以及因此而增加的费用,用户可维护一个有效证书和被吊销证书的局部缓存区。

采用 CRL 需要注意的是,从 CA 接到通知"某个证书需要被撤销"到 CA 发布它的下一个 CRL 这段时间会发生什么。出于被撤销的证书只会出现在下一个 CRL 中,任何查询当前 CRL 的用户就不能确定正在使用的证书是否已经被撤销。这个问题称为 CRL 时间粒度问题。

另一个需要关心的是 CRL 的大小。一个 CA 可以证明上千乃至上万的主体,然而发布 CRL 的频率不易确定。当 CRL 太大时,用户查询一个证书将十分费时,而且访问 CA 的网络带宽常常是有限制的。由于 CRL 是被 CA 签名的,在使用 CRL 前要验证 CA 的签名。CRL 越大,验证签名的时间就越长。这些问题导致以下改进的 CRL 方法:一种方法是根据不同的证书撤销原因或证书主体发布不同的 CRL,例如为改变主体身份的证书发布一个 CRL,为私有密钥被泄露的证书发布一个 CRL;也可以为某个端用户主体发布一个 CRL,为其他的端用户或 CA 发布另外的 CRL。这样将一个大的 CRL 划分为许多小的 CRL,用户可以有选择地查询自己最关心的 CRL。

采用上面的方法减少了 CRL 的大小,但对 CRL 的时间粒度问题影响不大。三角 CRL (Delta－CRLs)可以提高时间粒度。一个三角 CRL 是由自上次具有完整信息的 CRL 发布以来又发生改变的部分所组成的。三角 CRL 发布的频率很高,因此减少了证书撤销所带来的不一致性。

在线撤销和有效性验证方法还很新,需要的网络带宽较大,但能避免 CRL 管理问题,是今后发展的方向。

密码算法的使用意味着要进行密钢管理。通过使用对称或非对称密码算法,通信双方可以协商一个秘密,而这个秘密可以作为通信加密的密钥。在需要通信时,在认证的基础上协商一个密钥。

第二节 信息隐藏技术

一、信息隐藏技术概述

传统的信息加密方法可以加密文本信息,保证其传输安全。但是,随着网络多媒体技术的发展，信息已经不仅局限于文本，许多信息是图形图像和视频格式，基于密码学的传统加密方法就变得不太适用了。这种情况下，就要采用信息隐藏技术。

信息隐藏可将需要保密的信息嵌入一个非机密信息的内容之中，使得它在外观形式上是一个含有普通内容的信息，从而保证信息安全。本节将绍信息隐藏的概念、特点和分类方法等内容，并重点介绍信息隐藏中的数字水印技术。

现在，多媒体计算机、个人移动通信技术已经走入千家万户，以 Internet 为标志的网络化浪潮更是席卷全球，使得人们获取信息和交流信息越来越方便。由于数字化信息能够通过多种形式在网络上迅速便捷地传输，因而政府、企业及个人逐渐把网络作为主要的通信手段，将大量重要文件和个人信息以数字化的形式存储和传输。这种情况下，网络与信息安全问题变得越来越重要。

随着计算机处理能力的快速提高，计算机所要承载的业务信息量和业务重要等级会越来越高，这使得基于密码学的传统加密方法，需要通过不断增加密钥长度来提高系统密级，此种方法正变得越来越复杂，特别是随着网络多媒体技术的发展，信息已经不仅仅局限于文本，许多信息是图形图像和视频格式，需要认证和版权保护的声像数据也越来越多。此外，军事领域也需要将一些重要的信息和情报隐藏起来。这些应用需求正是信息隐藏技术要解决的问题。

（一）信息隐藏技术的概念

信息隐藏，也称数据隐藏，它是将需要保密的信息（一般称之为签字信号，Signature Signal）嵌入一个非机密信息的内容之中，使得它在外观形式上是一个含有普通内容的信息的过程。具体地说，信息隐藏是利用加密技术或是电磁的、光学的、热学的技术措施，改变信息的原有特征，从而降低或消除信息的可探测和被攻击的特征，以达到信息的“隐真”；或是模拟其他信息的可探测和被攻击的特征，仿制假信息以“示假”。信息隐藏的嵌入过程需要满足下列条件：

①签字信号的不可感知性（Imperceptibility）。也就是说，签字信号嵌入后，主信号的感知特性没有明显的改变，签字信号被主信号“隐藏”起来了。

②签字信号的鲁棒性（Robustness）。签字信号对主信号的各种失真变换，如失真信号压缩、加噪、A/D 或 D/A 转换等都应体现出一定的鲁棒性。除非主信号的感知的特性被明显破坏，否则签字信号应很难被去除。

一般来讲，签字信号的嵌入不增加主信号的存储空间和传输带宽。换句话说，嵌入签字信号后表面上很难觉察到信息的改变。

信息隐藏技术不同于传统的加密技术，两者的设计思想完全不同。密码仅隐藏信息的内容，但是对于非授权者来讲，虽然他无法获知其具体内容，却能意识到保密信息的存在。而信息隐藏则致力于通过设计精妙的方法，使得非授权者根本无从得知保密信息的存在与否，即不但隐藏了信息的内容而且隐藏了信息的存在。信息隐藏的最大优势在于它并不限制对主信号的存取和访问，而是致力于签字信号的安全保密性。

在我们所使用的媒体中，可以用来隐藏信息的形式很多。数字化信息中的任何一种数字媒体都可以实施信息隐藏，如图像、音频、视频或一般文档等。

（二）信息隐藏技术的特点

根据信息隐藏的目的和要求，它主要存在以下六个特性。

1. 隐蔽性

隐蔽是信息隐藏的基本要求，信息经过一系列隐藏处理手段，从而使其无法让人看见或听见。

2. 安全性

信息隐藏的安全性表现在两个方面：一是能够承受一定程度的人为攻击，使隐藏信息不会被破坏；二是将欲隐藏的信息藏在目标信息的内容之中，防止因格式变换而遭到破坏。

3. 免疫性

免疫性即经过隐藏处理后的信息不至于因传输过程中的信息噪声、过滤操作因素而导致丢失。

4. 编码纠错性

编码纠错性指隐藏数据的完整性在经过各种操作和变换后仍能很好地恢复。

5. 稳定性

稳定性指在进行信息加密隐藏时，信息编码应考虑其变化的可能性，尽可能保持代码系统的稳定性。

6. 适应性

信息隐藏的适应性体现在两个方面：一方面，在进行信息隐蔽时，隐蔽载体应与原始载体信息特性相适应，使非法拦截者无法判断是否有隐蔽信息；另一方面，在进行信息加密时，代码设计应便于修改，以适应可能出现的新变化。

（三）信息隐藏技术的发展

信息隐藏在古代时候就有，如在古希腊战争中，为了安全地传送军事情报，奴隶主剃光奴隶的头发，将秘密情报写在奴隶的头皮上，待头发长出后再派出去传送消息。我国古代也有以藏头诗、藏尾诗以及绘画等形式，将要表达的意思和“密语”隐藏在特定位置，使人难以注意或破解的方法。当前，信息隐藏已不同于传统的技术方法，必须考虑正常信息操作所造成的威胁，使机密资料对正常的数据操作技术具有免疫能力，第三者很难从隐秘载体中得到、删除甚至发现秘密信息。

总之，信息隐藏是一门正在不断发展的学科，许多新的分支和技术仍在不断地涌现。

（四）信息隐藏的关键技术

与密码屡遭攻击的情况类似，隐藏信息也会遭到各种恶意攻击。攻击者会从检测隐藏信息、提取隐藏信息和破坏隐蔽信息三方面入手加以进行。

因此,信息隐藏技术的关键在于如何处理签字信号(即隐藏信息)的鲁棒性、不可感知性以及所嵌入的数据量三者之间的关系。

衡量信息隐藏算法性能优劣的一般准则为:①对于主信号发生的部分失真,签字信号是否具备一定的鲁棒性;②对于有意或无意的窃取、干扰或去除操作,签字信号是否具备一定的“抵抗”能力,从而保证隐藏信息的安全可靠和完整性;③签字信号的嵌入是否严重降低了主信号的感知效果;④数据嵌入量的大小。

对于一个特定的信息隐藏算法来说,它不可能同时在上述的衡量准则中达到最优。显然,数据的嵌入量越大,签字信号对原始主信号感知效果的影响也会越大;而签字信号的鲁棒性越好,其不可感知性也会随之降低,反之亦然。由于信息隐藏的应用领域十分宽广,不同的应用背景对其技术要求也不尽相同。因此,有必要从不同的应用背景出发对信息隐藏技术进行分类,进而研究它们的技术需求。

(五)信息隐藏技术的分类

信息隐藏技术包容多个学科应用于多个领域,它有多种分类方法。

1.按处理对象划分

一般来说,按照处理对象的不同,信息隐藏技术分为叠像技术、数字水印技术和替声技术三种。

(1)叠像技术

叠像技术指产生张不同含义的胶片(或称之为伪装图像),任取其中张胶片叠合在一起即可还原出隐藏在其中的秘密信息的一种方法。

如果你需要通过互联网向朋友发一份文本,采用叠像技术把它隐藏在几张风景画中,就可以安全地进行传送。之所以在信息的传递过程中采用叠像技术,是由于该项技术在恢复秘密图像时不需要任何复杂的密码学计算,正常的解密过程相对非法的破密过程要简单得多,人的视觉系统完全可以直接将秘密图像辨别出来。

(2)数字水印技术

数字水印作为一种在开放的网络环境下保护版权的新兴技术,可用来确认版权的所有者,识别购买者或提供关于数字内容的其他附加信息,并将这些信息用人眼不可见的形式嵌入至数字图像、数字音频或视频序列中,从而确认所有权及跟踪盗版行为。此外,数字水印在数据分级访问、证据篡改鉴定、数据跟踪和检测、商业与视频广播、互联网数字媒体服务付费以及电子商务中的认证鉴定方面也有广阔的应用前景。与隐藏技术相反,数字水印中的隐藏信息能抵抗各类攻击。即使水印算法公开,一般来说攻击者要毁掉水印十分困难。

(3)替声技术

与叠像技术很相似,替声技术是通过对声音信息的处理,使得原来的对象和内容都发生改变,从而达到将真正的声音信息隐藏起来的目的。替声技术可以用于制作安全电话,使用这种电话对通信内容加以保密。

2. 按应用背景划分

根据应用背景的不同，信息隐藏技术分为以下三类。

(1)版权保护

将信息隐藏技术应用于版权保护时，所嵌入的签字信号被称为“数字水印”。数字水印通常分为鲁棒型水印和脆弱型水印两种，版权保护一般采用的是鲁棒型水印技术，而所嵌入的签字信号则相应地称为鲁棒型水印。需要说明的是，通常说到“数字水印”时一般多指鲁棒型水印。鲁棒型水印所需嵌入的数据量最小，但对签字信号的安全性和鲁棒性要求也最高，甚至是十分苛刻的。

由于鲁棒型数字水印是用于确认主信号的原作者或版权的合法拥有者的，因而必须能够实现对原始版权准确无误的标识。同时，面对用户或侵权者有意甚至是恶意的破坏，鲁棒型水印技术必须能够在主信号可能发生的各种失真变换，以及各种恶意攻击下都具备很高的抵抗能力。另外，鲁棒型水印的不可见性要求也很高，这样才能保证原始信号的感知效果不被破坏。

总之，如何设计一套完美的数字水印算法来实现真正实用的版权保护方案，是信息隐藏技术最具挑战性也最具吸引力的课题之一。

(2)数据完整性鉴定

数据完整性鉴定，或称数据篡改验证，是指对某一信号的真伪或完整性进行判别，并进一步指出该信号与原始真实信号的差别。通俗地说，假定接收到一个多媒体信号 g（图像、音频或视频信号），初步判断它很可能是某一原始真实信号 f 的修改版本，数据完整性鉴定的任务是在对原始信号 f 的具体内容不知道的情况下，以最大的可能判断 g 是否等于 f。

一种具体的数据篡改验证方法要想达到实用的程度，需要满足以下要求：①提供对篡改后信号失真程度的度量方法；②以最大的可能指出是否有某种形式的篡改操作发生；③如果无从得知原始真实信号的内容或其他与真实信号内容相关的信息，那么该验证方法应能判断可能发生的篡改操作的具体类别，如判别是滤波、压缩，还是替代操作等，同时，根据具体的应用背景，读数据篡改验证方法对经篡改后的信号给出相应的可信度；④不需要维护和同步操作任何与原始信号相分离的其他附加数据，就能够恢复和重建原始真实信号。

数据篡改验证通常采用脆弱型水印技术。该水印技术通过在原始真实信号中嵌入某种标记信息，然后鉴别这些标记信息的改动，从而实现对原始数据完整性检验的目的。针对数据完整性鉴定和版权保护两种不同的应用领域，脆弱型水印与鲁棒型水印的要求也不相同。实际使用中，脆弱型水印应随着主信号的变动而做出相应的改变，即体现出脆弱性。不过，脆弱型水印的脆弱性并不是绝对的。对于主信号的某些必要性操作（如修剪或压缩等），脆弱型水印也应体现出一定的鲁棒性，这样才能将一些不影响主信号最终可信度的操作与那些蓄意破坏的操作区分开来。另外，在不可见性和所嵌入数据量的要求上，脆弱型水印与鲁棒型水印是近似的。

(3)扩充数据的嵌入

扩充数据包括对主信号的描述或参考信息、控制信息以及其他媒体信号。描述信息可以是特征定位信息、标题或内容注释信息，而控制信息的作用在于可实现对主信号的存取控制和监测。例如，一方面给所有权级别的用户授予不同的存取权限，另一方面也可通过嵌入时间印章信息来跟踪某一特定内容对象的创建、使用以及修改的历史。这样，通过信息隐藏技术便可记录这一对象的使用操作历史信息，而无须在原信号上附加头文件或历史文件(因为使用附加文件容易被改动或丢失，同时还需要更多的传输带宽和存储空间)。

相对于数字水印来讲，扩充数据的嵌入需要更大的数据隐藏量，这对签字信号的不可见性提出了挑战。另外，扩充数据嵌入技术也应具备一定的鲁棒性，这样才能抵抗一些针对主信号的尺度变换、剪切或对比度增强等操作，特别是失真编码。

根据隐藏数据的嵌入方法不同，信息隐藏技术可分为变换域嵌入和直接在空域上嵌入两类。另外，根据检测过程中是否需要无隐藏数据的原始主信号，信息隐藏技术分为盲提取和非盲提取两类。由于信息隐藏技术中数据的嵌入与数据的检测或提取之间存在着天然的依赖关系，因此数据恢复的可能性是设计嵌入算法时必须考虑的一个因素。如果数据检测时没有嵌入签字信号的原始主信号是已知的，那么只要所设计的嵌入算法可逆，同时依赖一定的信号检测技术，在理论上就可以保证检测算法的成功性。但是，如果该原始主信号未知，那么设计信息隐藏的检测或提取算法时就会相当复杂。在这种情况下，除了需要利用信号检测技术，同时还依赖于信号估计和预测技术以及巧妙的算法设计策略。由于盲提取信息隐藏技术更具有实用价值，所以受到的关注也越来越多。

二、数字水印概述

(一)数字水印技术的概念

数字水印是一种通过一定的算法将一些标志性信息直接嵌入到多媒体内容当中，但不影响原内容的价值和使用，并且不能被人的知觉系统觉察或注意到，只有通过专用的检测器或阅读器才能提取出来的技术。其中，嵌入到多媒体内容当中的水印信息可以是作者的序列号、公司标志、有特殊意义的文本，这些信息用来识别文件、图像或音乐制品的来源、版本、原作者、拥有者、发行人、合法使用人等，从而证明他们对数字产品的拥有权。与加密技术不同的是，数字水印技术并不能阻止盗版活动的发生，但是可以通过它判别对象是否受到保护，并监视被保护数据的传播过程，提供真伪鉴别服务，从而为解决版权纠纷提供证据。

数字水印技术中，水印的数据量和鲁棒性是一对基本的矛盾。理想的水印算法应该既能隐藏大量数据，同时也可以抵抗各种信道噪声和信号变形。然而，在实际使用中，这两个指标不能同时实现，一般只能偏重其中的一个方面。如果是为了隐蔽通信，那么数据量显然是最重要的。由于通信方式极为隐蔽，因而遭遇敌方篡改攻击的可能性很小，对鲁棒性的要求也就不用很高。但是，保证数据安全时的情况恰恰相反。此时，各种保密数据随时面临着被盗取和篡改的危险，所以鲁棒性是十分重要的，而隐藏数据量的要求居于次要地位。

一般数字水印的通用模型包括嵌入和检测、提取两个阶段。在生成数字水印的阶段，制定嵌入算法方案的目标是使数字水印在不可见性和鲁棒性之间找到一个较好的折中。在检测数字水印的阶段，制定验证算法方案的目标是设计一个相应于嵌入过程的检测算法，使错判与漏判的概率尽量减小。检测的结果可能是原水印，也可能是基于统计原理的检验结果以判断水印存在与否。

为了给攻击者增加去除水印的难度，目前大多数水印制作方案在加入、提取时采用了密钥，只有掌握密钥的人才能读出水印。

（二）数字水印技术的起源

数字水印技术的基本思想起源于古代的伪装术，或称密写术。古希腊的斯巴达人曾将军事情报刻在普通的木板上，然后再用石蜡填平。收信的一方接到木板后，只要用火烤热木板融化石蜡后就可以看到密信。化学密写恐怕是使用最广泛的一类密写方法了，如牛奶、白矾、果汁等都曾充当过密写药水的角色。

人类早期使用的保密通信手段，大多数属于密写而不是密码。与密码技术相比，密写术始终没有发展成为一门独立的科学，其中的主要原因是密写术缺乏必要的理论基础。

然而今天的数字化技术为古老的密写术注入了新的活力，在研究数字水印的过程中，尤其是近年来信息隐藏技术理论框架研究的兴起，给密写术成为一门严谨的学科带来了希望。

（三）数字水印技术的分类

数字水印技术根据不同的角度有不同的划分方法。

1. 按数字水印所附载的媒体划分

按水印所附载的媒体，数字水印分为图像水印、音频水印、视频水印、文本水印以及用于三维网格模型的网格水印。

2. 按数字水印的特性划分

按水印的特性，数字水印分为鲁棒型数字水印和脆弱型数字水印。鲁棒型数字水印主要用于在数字作品中标识著作权信息，它要求嵌入的水印能够经受住各种常用的编辑处理；脆弱型数字水印主要用于完整性保护，它必须对信号的改动很敏感，人们根据脆弱型水印的状态判断数据是否被篡改过。

3. 按数字水印的内容划分

按水印的内容，数字水印划分为有意义水印和无意义水印。有意义水印是指水印本身也是某个数字图像或数字音频片段的编码；无意义水印则只对应于一个序列号。有意义水印若受到攻击或其他原因致使解码后的水印破损，人们仍然可以通过视觉观察确认是否有水印。但对于无意义水印来说，如果解码后的水印序列有若干码元错误，则只能通过统计决策来确定信号中是否含有水印。

4. 按数字水印的检测过程划分

按水印的检测过程，数字水印分为明文水印和盲水印。明文水印在检测过程中需要原始数据，而盲水印的检测只需要密钥，不需要原始数据。一般明文水印的鲁棒性比较强，但其应用受到存储成本的限制。因此，目前数字水印大多数是盲水印。

5. 按数字水印隐藏的位置划分

按水印的隐藏位置，数字水印划分为时域数字水印、频域数字水印、时/频域数字水印和时间/尺度域数字水印。时域数字水印是直接在信号空间上叠加水印信息，而频域数字水印、时/频域数字水印和时间/尺度域数字水印则分别是在DCT变换域、时/频变换域和小波变换域上隐藏水印。

随着数字水印技术的发展，各种水印算法层出不穷，水印的隐藏位置也不再局限于上述五种。实际上只要构成一种信号变换，就有可能在其变换空间上隐藏水印。

（四）数字水印技术的算法

目前已有的数字水印算法主要包括以下几种。

1. 最低有效位算法(LSB)

最低有效位算法是一种典型的空间域数据隐藏算法，通过调整原始数据的最低几位来隐藏信息，一般用户对于隐藏信息在视觉和听觉上很难察觉。

2. 文档结构微调方法

文档结构微调方法是一种通过轻微调整文档中的垂直行距、水平字距、文字特性结构来实现在通用文档图像中隐藏特定二进制信息的技术。该算法可以抵抗一些标准的文档操作，如照相复制和扫描复制，但该技术也极易被经验丰富的攻击者破坏，仅适用于文档图像。

3. Patchwork 方法

Patchwork 方法是一种基于统计的数据水印嵌入方案。它的实现方法是：任意选择 N 对图像点，在增加一点亮度的同时，相应降低另一点的亮度值，通过这一调整过程完成水印的嵌入。该算法具有不易察觉性，并且对于有损压缩编码(JPEG)和一些恶意攻击处理具有很好的抵抗力。

4. 纹理块映射编码方法

纹理块映射编码方法将数字信息隐藏于数字图像的任意纹理部分。该算法对于滤波、压缩和扭转等操作具有抵抗能力，但仅适用于具有大量任意纹理区域的图像，而且目前还不能完全自动完成。

5. 频率域数字水印方法

频率域数字水印方法是用类似扩频通信的技术来隐藏数据的一种方法。该技术首先将隐藏信息经过一定的频率域调制，然后隐藏到数字媒体的感知最重要的频谱成分中去。这种方法可以抗击有损压缩编码，以及其他一些具有信号失真的数据处理过程。

数字水印技术是一种横跨信号处理、数字通信、密码学、计算机网络等多学科的新兴技术，目前来说作为一个技术体系尚不完善，每个研究人员的介入角度各不相同，所以研究方法和设计策略也各不相同，但都是围绕着实现数字水印的各种基本特性进行设计的。同时，随着该技术的推广和应用的深入，一些其他领域的先进技术和算法也将被引入，从而充实和完备数据水印技术。例如，在数字图像处理中的小波、分形理论；图像编码中的各种压缩算法；音视频编码技术等。

（五）数字水印技术的应用领域

1. 数字作品的知识产权保护

版权标识水印是目前研究最多的一类数字水印。

由于数字作品的拷贝、修改非常容易，而且可以做到与原作品完全相同，所以原创者不得不采用一些严重损害作品质量的办法来加上版权标志，可是这种明显可见的标志很容易被篡改。

采用数字水印技术后，数字作品的所有者可用密钥产生一个水印，并将其嵌入原始数据中，然后公开发布其水印版本作品。当该作品被盗版或出现版权纠纷时，所有者即可从盗版作品成水印版作品中获取水印信号作为依据，从而保护所有者的权益。

2. 商务交易中的票据防伪

随着高质量图像输入输出设备的发展，特别是高精度彩色喷墨、激光打印机和高精度彩色复印机的出现，使得货币、支票以及其他票据的伪造变得更加容易。因此，美国、日本以及荷兰开始研究用于票据防伪的数字水印技术。麻省理工学院媒体实验室受美国财政部委托，开始研究在彩色打印机、复印机输出的每幅图像中加入唯一的、不可见的数字水印，在需要时实时地从扫描票据中判断水印的有无，从而快速识别真伪。

此外，在电子商务中会出现大量过渡性的电子文件，如各种纸质票据的扫描图像。即使在网络安全技术成熟以后，各种电子票据仍然需要一些非密码的认证方式。数字水印技术可以为各种票据提供不可见的认证标志，从而大大增加了伪造的难度。

3. 标题与注释

即将作品的标题、注释等内容以水印的形式嵌入作品中，这种隐式注释不需要额外的带宽，而且不易丢失。

4. 篡改提示

基于数字水印的篡改提示，通过识别隐藏水印的状态来判断声像信号是否已被篡改。为实现这个目的，通常可将原始图像分成多个独立块，再将每个块加入不同的水印。

同时，可通过检测每个数据块中的水印信号来确定作品的完整性。与其他水印不同的是，这类水印必须是脆弱的，并且检测水印信号时不需要原始数据。

5. 使用控制

这种应用的一个典型的例子是 DVD 防拷贝系统，即将水印信息加入 DVD 数据中，这样 DVD 播放机即可通过检测 DVD 数据中的水印信息来判断其合法性和可拷贝性，从而保护制造商的商业利益。

6. 隐蔽通信及其对抗

数字水印所依赖的信息隐藏技术提供了非密码的安全途径，可以实现网络情报战的革命。网络情报战是信息战的重要组成部分，其核心内容是利用公用网络进行保密数据传送。由于经过加密的文件是混乱无序的，容易引起攻击者的注意。网络多媒体技术的广泛应用使得利用公用网络进行保密通信有了新的思路，利用数字化声像信号相对于人的视觉、听觉冗余，进行各种信息隐藏，从而实现隐蔽通信。

（六）数字水印技术在中国的发展

古老的密写术衍生出来的数字水印技术，具有巨大的潜在应用市场，对它的研究具有重要的学术价值和经济价值。

作为一个前沿研究领域，数字水印技术与信息安全、信息隐藏、数据加密等均有密切的关系。特别是在网络技术和应用迅速发展的今天，数字水印技术的研究更具现实意义。

总之，现代社会对信息的依赖性越来越强。包含数字水印技术在内的信息隐藏技术是一个崭新的研究领域，有许多尚未触及的研究课题。可以预见，随着信息技术的飞速发展，在未来的信息化斗争中，信息隐藏这一新兴技术必将成为克敌制胜的重要利器。

第三节　计算机病毒

一、病毒概述

（一）病毒的起源与发展

自从第一例计算机病毒 Brain 诞生以来，计算机病毒的种类迅速增加，并迅速蔓延到全世界，对计算机安全构成了巨大的威胁。在 20 世纪 80 年代，计算机病毒刚刚开始流行，种类不多，但危害很大，往往一个简单的病毒就能在短时间内传播到世界的各个国家和地区。

在病毒的发展史上，病毒的出现是有规律的，一般情况下，一种新的病毒技术出现后，病毒迅速发展，接着反病毒技术的发展会抑制其流传。同时，操作系统进行升级换代时，病毒也会调整为新的方式，产生新的病毒技术。总体来说，病毒可以分为以下几个发展阶段。

1. 病毒发展阶段

（1）DOS 引导阶段

最初的计算机病毒主要是引导型病毒，具有代表性的是“小球”和“石头”病毒。由于那时的计算机硬件较少，功能简单，一般需要通过软盘启动后使用。而引导型病毒正是利用了软盘的启动原理工作，修改系统启动扇区，在计算机启动时首先取得控制权，减少系统内存，修改磁盘读写中断，影响系统的工作效率，在系统存取磁盘时进行传播。

（2）DOS 可执行阶段

可执行文件型病毒利用 DOS 系统加载执行文件的机制工作，可执行型病毒的病毒代码在系统执行文件时取得控制权，修改 DOS 中断，在系统调用时进行传染，并将自己附加在可执行文件中，使文件长度增加。

(3)伴随体型阶段

伴随型病毒,利用 DOS 加载文件的优先顺序进行工作。具有代表性的是“金蝉”病毒,它感染 EXE 文件的同时会生成一个和 EXE 同名的扩展名为 COM 伴随体;它感染 COM 文件时,改为原来的 COM 文件为同名的 EXE 文件,再产生一个原名的伴随体,文件扩展名为 COM。这样,在 DOS 加载文件时,病毒会取得控制权,优先执行自己的代码。该类病毒并不改变原来的文件内容、日期及属性,解除病毒时只要将其伴随体删除即可,非常容易。其典型代表是“海盗旗”病毒,它在得到执行时,询问用户名称和口令,然后返回一个出错信息,将自身删除。

(4)变形阶段

随着汇编语言得到长足的发展,要实现同一功能,通过汇编语言可以用不同的方式完成,这些方式的组合使一段看似随机的代码产生相同的运算结果。而典型的多形病毒——幽灵病毒,就是利用这个特点,每感染一次就产生不同的代码。例如“一半”病毒就是产生一段有上亿种可能的解码运算程序,病毒体被隐藏在解码前的数据中,查解这类病毒就必须能对这段数据进行解码,加大了查毒的难度。多形型病毒是一种综合性病毒,它既能感染引导区又能感染程序区,多数具有解码算法,一种病毒往往要两段以上的子程序方能解除。

(5)变种阶段

在汇编语言中,一些数据的运算放在不同的通用寄存器中,可运算出同样的结果,随机地插入一些空操作和无关命令,也不影响运算的结果。这样,某些解码算法可以由生成器生成不同的变种。

(6)网络阶段

在 Windows 操作系统中,“蠕虫”是典型的代表,它不占用除内存以外的任何资源,不修改磁盘文件,利用网络功能搜索网络地址,将自身向下一地址进行传播,有时也在网络服务器和启动文件中存在。

(7)窗口阶段

随着 Windows 的日益普及,利用 Windows 进行工作的病毒开始发展,它们修改(NE,PE)文件,典型的代表是 DS.3873,这类病毒的机制更为复杂,它们利用保护模式和 API 调用接口工作,解除方法也比较复杂。

(8)宏病毒阶段

随着 MS Office 功能的增强及盛行,使用 Word 宏语言也可以编制病毒,这种病毒使用类 Basic 语言,编写容易,感染 Word 文件。由于 Word 文件格式没有公开,这类病毒查解比较困难。

(9)互联网、感染邮件阶段

随着 Internet 的发展,各种病毒也开始利用 Internet 进行传播,一些携带病毒的数据包和邮件越来越多,如果不小心打开了这些邮件,计算机就有可能中毒。

(10)邮件炸弹阶段

随着互联网上 Java 的普及,利用 Java 语言进行传播和资料获取的病毒开始出现,典型的代表是 Java Snake 病毒。还有一些利用邮件服务器进行传播和破坏的病毒,例如 Mail-Bomb 病毒,它就严重影响了 Internet 的效率。

在病毒发展过程中,一些著名的病毒不但造成了巨大的影响,也带来了病毒的不断发展,成为计算机发展史上不可磨灭的历史,了解这些著名的病毒,对研究病毒、预防病毒和清除病毒,具有积极的意义。

2. 著名病毒介绍

(1)Love Letters 病毒和 Libertry Crack 病毒

曾经恋爱邮件 I Love You 致使雅虎、亚马逊书店等主要网站服务瘫痪。同年,附着 I Love You 电邮传播的 Visual Basic 脚本病毒更被广泛传播,最终令不少计算机用户明白小心处理可疑电邮的重要性。该年八月,首只运行于 Palm 作业系统的木马(Trojan)程序——Liberty Crack 病毒也终于出现了。这个木马程序以破解 Liberty(一个运行于 Palm 作业系统的 Game boy 模拟器)作为诱饵,致使用户在无意中把这个病毒通过红外线资料交换或以电邮的形式在无线网中传播。

(2)混合式病毒

Funlove 病毒曾为服务器及个人计算机带来很大的烦恼,FunLove 是典型的混合式病毒,它除了会像传统病毒一样感染计算机档案外,同时亦拥有蠕虫(Worm)及木马程序的特征。受害者中不乏著名企业。一旦被其感染,计算机便处于带毒运行状态,它会创建一个背景工作线程,搜索所有本地驱动器和可写入的网络资源,继而在网络中完全共享的文件中迅速传播。

(3)冲击波病毒和大无极病毒

冲击波病毒利用 Windows 2000 及 Windows XP 系统的保安漏洞,取得完整的使用者权限在目标计算机上执行任何的程序代码,并通过互联网继续攻击网络上仍存有此漏洞的计算机。由于防毒软件也不能过滤掉这种病毒,病毒迅速蔓延至多个国家,造成大批计算机瘫痪和网络连接速度减慢。

继冲击波病毒之后,第六代的大无极病毒(SOBIG. F)开始肆虐,并通过电子邮件扩散。该大无极病毒不但会伪造寄件人身份,还会根据计算机通讯录内的资料,发出大量以"Thank you!""Re:Approved"等为主旨的电邮,它也可以驱使染毒的计算机自动下载某些网页,使编写病毒的作者有机会窃取计算机用户的个人及商业资料。

(4)悲惨命运病毒、网络天空病毒及震荡波病毒

悲惨命运病毒利用电子邮件作为传播媒介,以"Mail Transaction Failed""Mail Delivery System""Server Report"等字眼作为电邮主旨,诱使用户打开带有病毒的附件。受感染的计算机除会自动转寄病毒电邮外,还会令计算机系统开启一道后门,供黑客用作攻击网络的中

介。它还会对一些著名网站(如 SCO 及微软)做分散式拒绝服务攻击(Distributed Denial of Service,DDoS),其变种更阻止染毒计算机访问一些著名的防毒软件厂商网站。由于它可在30 秒内寄出高达 100 封电子邮件,令许多大型企业的电子邮件服务被迫中断,在计算机病毒史上,其传播速度创下了新纪录。

防毒公司都会以 A、B、C 等英文字母作为同一支病毒变种的命名。网络天空病毒被评为史上变种速度最快的病毒,因为它自出现以来,在短短的两个月内,其变种的命名已经用尽了 26 个英文字母,接踵而至的是以双码英文字母命名的变种,如 Net Sky. AB。它通过电子邮件大量传播,当收件人运行了带有病毒的附件后,病毒程序会自动扫描计算机硬盘及网络磁碟机来搜集电邮地址,通过自身的电邮发送引擎,转发伪冒寄件者的病毒电邮,而且病毒电邮的主旨、内文及附件名称都是多变的。

“震荡波”病毒与较早前出现的冲击波病毒类似,都是针对 Windows 操作系统的保安漏洞,也不需依赖电子邮件作为传播媒介。它利用系统内的缓冲溢位漏洞,导致计算机连续地重新开机并不断感染互联网上其他计算机。以短短 18 天的时间,它取代了冲击波病毒,创下了修补程序公布后最短攻击周期纪录。

(5)熊猫烧香

熊猫烧香是一种经过多次变种的蠕虫病毒变种,它主要通过下载的文件传染,对计算机程序、系统破坏严重。原病毒只会对 EXE 图标进行替换,并不会对系统本身进行破坏。而大多数病毒是其变种,用户计算机中毒后可能会出现蓝屏、频繁重启以及系统硬盘中数据文件被破坏等现象。同时,该病毒的某些变种可以通过局域网进行传播,进而感染局域网内所有计算机系统,最终导致企业局域网瘫痪,无法正常使用,它能感染系统中 exe、com、pif、src、html、asp 等文件,它还能终止大量的反病毒软件进程并且会删除扩展名为 gho 的备份文件。被感染的用户系统中所有 exe 可执行文件全部被改成熊猫举着三根香的模样。

(6)网游大盗

网游大盗是一例专门盗取网络游戏账号和密码的病毒,其变种 wm 是典型品种。英文名为 Trojan/PSW. GamePass. jws 的网游大盗变种 jws 是网游大盗木马家族最新变种之一,采用 Visual C++编写,并经过加壳处理。网游大盗变种 jws 运行后,会自我复制到 Windows 目录下,自我注册为 Windows_Down 系统服务,实现开机自启动。盗取包括魔兽世界、完美世界、征途等多款网游玩家的账户和密码,并且会下载其他病毒到本地运行。玩家计算机一旦中毒,就可能导致游戏账号、装备等丢失。

(7)手机病毒

与传统计算机病毒的传播方式不同,手机病毒主要通过无线设备进行传播,自世界首例手机病毒 VBS. Timo Fonica 以来,手机病毒层出不穷,尤其是基于 Symbian、Android 的移动互联网终端设备,手机病毒已经脱离早期非智能机短信型病毒的发展阶段,具有与计算机病毒相同的特性,其破坏力甚至更大,因为手机病毒可以轻易地调动应用程序,进行恶意电话呼叫、信息发送，甚至攻击网关，轻则造成个人用户损失，重则引发网络灾难，已经越来越引起人们的重视。

病毒作为一段破坏力极大又难以检测的代码，在它发展的20多年的时间里，种类越来越多，隐藏技巧越来越高，尤其是随着互联网、移动互联网的发展，病毒已经入侵到智能手机、平板计算机等终端设备，无论病毒制造者出于何种目的制造了病毒，病毒具有其基本特征，分析病毒的特征有助于加深对病毒的了解，进而为检测和清除病毒提供前提条件。

（二）病毒的特征与分类

计算机病毒的制造者可能出于恶作剧的心态，可能只是简单地炫耀自己的编程技能，也可能是基于某种形式的报复，或者基于一定的军事、政治、商业目的。不管其制作者基于何种目的，计算机病毒都有它自己的特征，这些特征可以作为检测病毒的重要依据，再以此进行病毒的诊断和消除。

1. 计算机病毒的特征

（1）感染性

计算机病毒具有再生机制，即设计者一般通过某种方式让其具有自我复制的能力，让病毒自动地将自身的复制品或其变种感染到其他程序体上。这是计算机病毒最根本的属性，是检测、判断计算机病毒的重要依据。

感染性是计算机病毒最重要的特征，病毒程序正是依靠感染性将病毒广泛传播，从早期的软盘感染到现在的网络传播，计算机病毒的复制能力和速度变得突飞猛进。病毒程序一旦侵入计算机系统就开始搜索可以传染的程序或者磁介质，然后通过自我复制迅速传播，由于目前计算机网络日益发达，计算机病毒可以在极短的时间内，通过像Internet这样的网络进行传播和扩散，完成诸如强行修改计算机程序和数据等任务。

（2）欺骗性

计算机病毒正是通过欺骗性瞒过了用户从而实现其功能，用户通常调用执行一个程序时，把系统控制交给这个程序，并分配给它相应的系统资源，如内存，从而运行完成用户的需求。因此程序执行的过程对用户是透明的。而计算机病毒是非法程序，正常用户是不会明知是病毒程序，而故意调用执行。但由于计算机病毒具有正常程序的一切特性，如可存储性、可执行性。它隐藏在合法的程序或数据中，当用户运行正常程序时，病毒伺机窃取到系统的控制权，得以抢先运行，然而此时用户还认为在执行正常程序，在毫无察觉的情况下，病毒开始执行，等到用户反应过来的时候，病毒已经实现了其功能，造成了危害。病毒程序往往采用集中欺骗技术，如脱皮技术、改头换面、自杀技术和密码技术来逃脱检测，使其有更长的时间去实现传染和破坏的目的。

①脱皮技术。病毒自动监视用户操作，每当用户要查看宿主程序时，它便“以桃代李”，让被移走的原宿主程序代码显示在屏幕上，使用户看到完全正确的宿主程序，以蒙骗用户，隐藏自己。

②改头换面。病毒在自动监视用户的操作中，一旦发现用户用DIR命令查看文件目录，便判断哪些文件被感染，在显示这些文件目录时，自动从文件长度中减去病毒代码长度，使屏幕上显示的被感染的文件的日期、时间、长度等参数保持感染以前的状态。用户从屏幕上显示的文件目录中看不到文件被感染的痕迹。

③自杀技术。有的病毒设置有一个特殊的计数器，专门记录病毒曾经感染过的程序的次数。当计数器达到预定值时，病毒便从带病毒的宿主程序中删去代码，实现“自杀”，销声匿迹，以掩护自己。

④密码技术。有的病毒采用密码技术，将病毒签名等可能被检测的敏感信息变成密码。这样，当用户对病毒进行检测时就看不到这些敏感信息，从而使病毒逃过检测，得以长期潜伏。

正是因为计算机病毒的欺骗性，掌握一些基本的识别技巧对防范计算机病毒是有利的。识别计算机是否中毒的方法主要有技术识别和综合判断两种。

技术识别主要通过查看正在运行的进程来判断。一般出现陌生的进程时，中毒的可能性较高。进程识别需要对计算机常用进程十分了解，一般非计算机专业用户很难做到。

另一种技术识别的方法是直接判断文件。一般病毒感染文件时，总是将病毒插在宿主程序头部、尾部或中间。虽然它对宿主程序代码做某些改动，从整体上看，它与宿主程序之间有明确的界限，但由于病毒程序代码短，文件字节数增加并不大，而且计算机操作人员很少去记录每个文件字节数大小，因此很难发现，同时有的病毒将自身存储在磁盘上标为坏簇的扇区中，以及一些空闲概率较大的扇区中，识别更加困难，一般该方法仅适用于杀毒软件判断是否出现病毒，个人判断很难。

综合判断主要是结合一些现象判断计算机是否感染病毒，例如，磁盘可用空间大量减少，坏簇增加。由于病毒程序把自身或操作系统的一部分用坏簇隐蔽起来，使磁盘坏簇莫名其妙地增多。同时由于病毒本身或其复制品不断侵占系统，使可用的磁盘空间减少。磁盘重要区域，如引导扇区(BOOT)、文件分配表(FAT)、根目录区被破坏，从而使系统盘不能使用或使数据文件和程序文件丢失。

程序正常运行时经常出现内存不足的现象，文件建立日期和时间被修改，系统运行时无故出现系统崩溃、死机、突然重新启动以及文件无法正常存盘等，这往往也是病毒发作所致，屏幕上出现特殊的异常显示，机器出现蜂鸣声，打印机速度减慢或是打印机失控等情况发生时，在排除系统运行故障、操作失当等原因后，一般都可判断为由病毒引起。

(3)危害性

病毒程序的表现性或危害性体现了病毒设计者的真正意图。无论何种病毒程序一旦侵入系统都会对操作系统的运行造成不同程度的危害，这也是病毒制造者的目的。即使不直接产生破坏作用的病毒程序也要占用系统资源(如占用内存空间、占用磁盘存储空间以及系统运行时间等)。而绝大多数病毒程序要显示一些文字或图像，影响系统的正常运行，还有一些病毒程序删除文件，加密磁盘中的数据，甚至摧毁整个系统和数据，使之无法恢复，造成无可挽回的损失。因此，病毒程序的危害轻则降低系统工作效率，重则导致系统崩溃、数据丢失甚至网络瘫痪。

(4)潜伏性

病毒具有依附其他媒体的能力，入侵计算机系统的病毒一般有一个“冬眠”期，当它入侵系统之后，一般并不立即发作，而是潜伏起来“静观待机”。在此期间，它不做任何骚扰动作，也不做任何破坏活动，而要经过一段时间或满足一定的条件后才发作，突发式进行感染，复制病毒副本，进行破坏活动。病毒的潜伏性越好，它在系统中存在的时间也就越长，病毒传染的范围也越广，其危害性也越大，而在病毒潜伏期间，即使是专业的杀毒软件，也并不保证能识别出病毒，因为计算机病毒的设计者将之设计为一种具有很高编程技巧、短小精悍的可执行程序，病毒想方设法隐藏自身，就是为了在病毒发作之前不被发现。更有的病毒感染宿主程序后，在宿主程序中自动寻找“空洞”，将病毒拷贝到“空洞”中，并保持宿主程序不变，使其难以发现，以争取较长的存活时间，从而造成系统大面积的感染。

(5)可激发性

病毒在一定的条件下接受外界刺激，使病毒程序活跃起来，实施感染，进行攻击。计算机病毒被触发一般都有一个或者几个触发条件。满足其触发条件或者激活病毒的传染机制，使之进行传染；或者激活病毒的表现部分或破坏部分。触发的实质是一种条件的控制，病毒程序可以依据设计者的要求，在一定条件下实施攻击。这个条件可以是敲入特定字符，使用特定文件、某个特定日期或特定时刻，或者是病毒内置的计数器达到一定次数，比如当某个网站的访问数量达到一定限度时激发病毒，从而使被破坏的计算机数量大大增加。由于病毒的激发条件只有制造者本身才知道，因此在病毒潜伏期期间检测并消除病毒非常困难，而一旦激发，它所破坏的数据、程序和操作系统等，往往难以恢复。

(6)不可预见性

不同种类的病毒，其代码千差万别，但有些操作是共有的。因此，有的人利用了病毒的共性，制作了检测病毒的软件。但是由于病毒的更新极快，这些软件也只能在一定程度上保护系统不被已经发现的病毒感染，新的病毒以何种形式传播并危害计算机是无法预见的，从这个意义上来说，病毒对反病毒软件永远是超前的。这种超前性并不代表反病毒人员应当被动地接受应对病毒，反而更加激励反病毒人员不能掉以轻心。计算机网络将被越来越多地应用于生活的各个角落，病毒将无所不能，延续其巨大的危害性，相应的计算机网络安全问题将在日常生活中占据举足轻重的地位。反病毒技术研究是一件颇具挑战难度的事情，但同时又是一项意义重大的研究，它将致力于消除计算机病毒，维护网络安全。

2.计算机病毒的分类

计算机病毒的分类方法很多，按工作机理，可以把计算机病毒分为引导型病毒、操作系统型病毒和文件型病毒。

(1)引导型病毒

引导型病毒又称初始化病毒，它占据主引导扇区或引导扇区的全部或一部分，将分区表信息或引导记录移到磁盘的其他位置，并在文件分配表(FAT)中将这些位置标明为坏簇。病毒在计算机引导时首先获取系统控制权，将病毒的主要部分调入内存并驻留在内存高端，修改常规内存容量大小，将常规内存容量虚假减少，防止以后系统内存调度时覆盖占用内存高端的病毒体。同时修改某些常用中断的中断向量，使之指向内存高端的病毒程序。最后一条跳转指令转向主引导记录或引导记录的位置，将控制权交回系统以完成正常的系统启动工作。以后只要调用这些中断，系统就会先执行常驻内存高端的病毒体，病毒搜索并感染其他可能有的磁盘，或执行病毒体的表现部分，破坏计算机系统的正常工作。若不满足激发条件，病毒也可以继续潜伏，将系统控制权交回系统。

引导型病毒是在操作系统引导前就已驻留内存。由于主引导记录和引导记录在系统启动结束后不再执行，因此引导型病毒必须修改中断向量，指向自己，才有被激活以完成感染、潜伏、破坏等功能的机会。大多数引导型病毒会修改 INT 13H 中断。当用户读写磁盘，如执行 DIR、EDIT、Windows 中列文件目录等命令时，就会执行 INT 13H，激活病毒体。

(2)操作系统型病毒

操作系统型病毒是指病毒程序将自身加入或替代操作系统工作的病毒，这类病毒程序的主要破坏形式是代替或插入正常操作系统引导部分或文件分配表中，破坏计算机磁盘系统的引导区记录和文件分配表参数。在 Windows 操作系统中有一种[COMS]系统型病毒，它侵入并驻留在计算机的 COMS 中，删改系统配置的参数资料，使计算机不能正常启动和运行。操作系统型病毒在计算机启动时就进入内存伺机发作和传播，其危害性极大，轻则破坏文件分配表，使文件信息内容错乱、丢失，如 DOS 操作系统中常见的[GENP](文件分区表病毒)就属这一类；重则造成系统崩溃、死机，甚至造成整个硬盘信息永久丢失的可怕后果，使多年存储的数据资料毁于一旦，其造成的损失最为惨重，磁盘杀手病毒(Disk Killer)和中国炸弹病毒等都属于这种类型。

(3)文件型病毒

文件型病毒可根据病毒程序驻留的方式分为源码病毒、入侵病毒、外壳病毒等。源码病毒专门攻击用高级语言编写的程序源代码，在程序编译之前插入源程序中。入侵病毒是将其自身侵入到现有程序之中，实际上是把计算机病毒的主体程序与其攻击的对象以插入的方式进行连接，要解除这类病毒，恢复受感染数据文件比较困难，往往只能把受感染文件删除，如“小红”病毒就属于此类病毒。外壳病毒是将其自身安插在被感染文件的开头和末尾，把原来的主程序包围在中间，而对原程序的内容不做修改。文件型病毒多数破坏系统文件、可执行文件以及各种设备的驱动程序。曾在世界上广泛流传着一类专门感染 MS Word 图文文件和模板文件的文件型病毒——[Macro]宏病毒。它与以往的计算机病毒机理不同,以 VB 高级语言的方式直接混杂在文件中,并加以传播。此类病毒主要破坏和删除 Word 文件中的宏指令,并封闭或改变文件存储路径,甚至使文件无法正常编写。如起源于委内瑞拉的宏病毒[Cap]就会改变 MS Word 软件的操作菜单和功能,并删除用户编写的宏,同时使文件无法另存到 Template 目录以外的磁盘与目录中。

按传播媒介来分类,可分为单机病毒和网络病毒。

单机病毒的载体是磁盘或光盘。常见的是通过从软盘传入硬盘,感染系统后,再传染其他软盘。软盘又感染其他系统。

网络为病毒提供了最好的传播途径,它的破坏力是前所未有的。网络病毒利用计算机网络的协议或命令以及 E-mail 等进行传播,常见的是通过 QQ、BBS、E-mail,FTP、Web 等传播。

此外,按照计算机病毒的链接方式分类,计算机病毒分为源码型病毒、嵌入型病毒、包围在主程序四周的外壳型病毒等;按照计算机病毒攻击的对象或系统平台分类,可以分为攻击 DOS 系统的病毒、攻击 Windows 系统的病毒、攻击 UNIX 系统的病毒、攻击 OS/2 系统的病毒和其他操作系统(如手机上)的病毒。随着物联网的发展,相应的传感器结点也将染上新的病毒。

(三)计算机病毒与犯罪

计算机犯罪是随着计算机技术的发展与普及发展起来的一种新型犯罪。《中华人民共和国刑法》第 285 条、286 条、287 条对计算机犯罪行为进行了规定,虽然法律对计算机犯罪的规定只有三条,但是计算机犯罪在事实认定上相当复杂。关于计算机病毒犯罪,目前条文规定的是:故意制作、传播计算机病毒等破坏性程序,影响计算机系统正常运行,后果严重的行为构成犯罪。

从首例计算机犯罪被发现至今,涉及计算机的犯罪无论从犯罪类型还是发案率来看都在逐年大幅度上升,方法和类型成倍增加,逐渐开始由以计算机为犯罪工具的犯罪向以计算机信息系统为犯罪对象的犯罪发展,并呈愈演愈烈之势,而后者无论是在犯罪的社会危害性还是犯罪后果的严重性等方面都远远大于前者。

二、木马技术

(一)木马的由来

特洛伊木马源于古希腊神话:当时由于特洛伊军队非常骁勇善战,希腊军队一直无法打败他们。经过很长且激烈的战斗之后,希腊军队就假装撤退,并留下一只大木马。于是特洛伊人就打开城门让木马进入，到了夜晚当特洛伊人正热烈庆祝时，躲在木马中的希腊战士趁着特洛伊人不注意时从大木马出来并打开城门，大批的希腊军队便蜂拥而入，将特洛伊城烧成平地。在计算机安全中，特洛伊木马用来指那些隐藏在某段正常程序中，在适当的时刻控制另一台计算机的程序，简称为木马（Trojan）。与病毒不同的是，木马为了进入并控制更多的计算机，它与病毒的发展是平行的。

木马通常有两个可执行程序：一个是客户端，即控制端；另一个是服务端，即被控制端。木马的设计者为了防止木马被发现，采用了多种隐藏手段。木马服务一旦运行并与被控制端连接，则控制端将享有被控制端的大部分操作权限，例如给计算机增加口令，浏览、移动、复制、删除文件，修改注册表以及更改计算机配置等。

某些病毒具有这些特性，并隐藏在一段有用的程序中，那么这段程序既可称作特洛伊木马，又可以称为病毒。带有这种特洛伊木马/病毒的文件已被有效地特洛伊了，特洛伊在这里用作动词，如“他将特洛伊那个文件”。木马的潜藏性和控制性正是病毒潜伏所需要的，在互联网高度发达的今天，木马和病毒的区别正在逐渐变淡消失，正是由于两者互相借鉴，造成了越来越大的危害，但两者的工作原理和机制又完全不同，在学习时应当区分开来。

木马程序可以做任何事情，它能够以任意形式出现。它既可以旨在索引软件文件目录或解锁软件注册代码的应用程序，也可以是一个字处理器或网络应用程序。它使得宿主程序表面上是执行正常的动作，但实际上隐含着一些破坏性的指令。当不小心让这种程序进入系统后，便有可能给系统带来危害。

这些危害可能是一个小小的恶作剧，也可能带来极大的破坏性。实际上，随着计算机网络的发展，依靠网络传播的木马程序糅合了病毒的编写方式，它不仅能够自我复制，而且还能够通过病毒的手段防止专门软件的查杀。因此研究木马的运行机制，将有助于识别和清除木马，以降低其带来的危害。

一个完整的木马系统由硬件部分、软件部分和具体连接部分组成。

1. 硬件部分

硬件部分即建立木马连接所必需的硬件实体，包括对服务端进行远程控制的控制端，被远程控制的服务端和数据传输的网络载体（比如互联网）。

2. 软件部分

软件部分即实现远程控制所必需的软件程序，包括控制端程序、潜入服务端内部的木马程序、设置木马程序的端口号、触发条件、木马名称的木马配置程序等。

3. 具体连接部分

通过 Internet 在服务端和控制端之间建立一条木马通道所必需的元素，包括控制端 IP、服务端 IP，即木马进行数据传输的出发地和目的地；控制端端口、木马端口，即控制端、服务端的数据入口，通过这个入口，数据可直达控制端程序或木马程序。

（二）木马的运行

木马的运行是指木马由控制端将木马程序种植在服务端后，在某种触发条件下自动进行的活动，这些活动包括隐藏、自启动和网络连接，安插系统后门和盗取用户资料等。木马运行需要的触发条件一般包括在系统注册表、win. ini 配置文件、system. ini 配置文件、autoexec. bat 和 config. sys 文件启动菜单及文件捆绑。木马被激活后将进入内存，并开启事先定义的木马端口，准备与控制端建立连接，实现控制端用户预期的破坏功能。因此，掌握木马的运行方式和原理，有助于及时预防和清除木马。

1. 木马的自启动技术

木马在某种激发条件下自启动后能实现其预期功能，因此，自启动是木马运行的前提。让程序自启动的方法比较多，可以实现木马自启动的激发条件一般包括以下几种。

（1）加载程序到启动组

木马隐藏在启动组中，可以实现开机自动运行，虽然易于被发现，但因为实现简单，从而成为常用的启动方式。常见的启动组包括：

①注册表 HKEY_LOCAL_MACHINESoftwareMicrosoftWindowsCurrentVersion 下的五个 Run 和 RunServices 主键，可能成为木马程序启动的位置。

②“开始”菜单中的启动项，对应的文件夹是 C:\Documents and Settings\用户名\[开始]菜单\程序\启动。

因此发现注册表或启动菜单中有异常程序时，要查看该程序是否为木马程序。

（2）通过修改文件启动

在 C:WINDOWS 目录下有一个配置文件 win. ini，用文本方式打开，在[windows]字段中有启动命令 load=2 和 run=，在一般情况下它们是空白的，木马可以通过修改该文件实现自启动，如果有启动程序，可能是木马病毒。

C:W1NDOWS 目录下另一个配置文件 system. ini，用文本方式打开，在[386Enh]、[mic]、[drivers32]中有命令行，也可以实现木马程序自启动。

在 C 盘根目录下的 autoexec. bat 和 config. sys 两个文件也可以启动木马程序。但这种加载方式一般都需要控制端用户与服务端建立连接后，将已添加木马启动命令的同名文件上传到服务端，覆盖这两个文件才行。

（3）修改文件关联

修改文件关联是木马常用的手段，比如正常情况下 TXT 文件的打开方式为记事本程序，但一旦感染了木马病毒，则 TXT 文件就会被修改为用木马程序打开，冰河病毒就是如此。通过将 HKEYC LASSES_ROOT\txtfile\whell\open\command，%SystemRoot%\

system32\NOTEPAD. EXE%1 修改为 C:\WINDOWS\SYSTEM\SYSEXPLR. EXE%1。这样一旦双击一个 TXT 文件,原本应用记事本程序打开该文件,现在却变成启动木马程序了。

(4)捆绑文件

实现这种自启动首先要将控制端和服务端通过木马建立连接,然后控制端用户用工具软件将木马文件和某一应用程序捆绑在一起,上传到服务端覆盖原文件,这样即使木马被删除了,只要运行捆绑了木马的应用程序,木马程序又会被安装上去了。

以上介绍几种常用的木马自启动技术。虽然平台不同,自启动技术有相应的区别,但木马程序需要自启动的本质是不变的,因此通过了解其本质,不管其使用平台和表现形式如何,只要对症下药,就能有效防止木马病毒入侵。当然,随着木马技术的发展,木马可以通过隐藏技术增大查找难度,因此,掌握木马病毒常用的隐藏手段是识别木马病毒的有效途径。

2. 木马常用隐藏手段

木马程序诞生之初,一般是运行网友发来的文件才会导致木马运行,但后来出现了利用漏洞传播的木马程序,能在用户毫不知情的情况下,通过运行从而实现其破坏能力,如之前国内某知名游戏网站在内的多个大型网站均在其首页被黑客挂上了木马。绝对安全的计算机是不存在的。虽然没有绝对安全,但如果能知己知彼,了解木马的隐藏手段,即使不能百战百胜,也能做到及时发现,使损失最小化。

(1)基本的隐藏手段

早期最基本的隐藏手段为"不可见窗体+隐藏文件"方式。木马作为一种 Win 32 平台下的程序,通常具有程序界面,比如 QQ、Office、硬盘引导修复程序等。木马虽然属于 Win 32 应用程序,但其一般不包含窗体或隐藏了窗体(但也有某些特殊情况,如木马使用者与被害者聊天的窗口),并且将木马文件属性设置为"隐藏",这就是最基本的隐藏手段,稍有经验的用户只需打开"任务管理器",并且将"文件夹选项"中的"显示所有文件"勾选即可轻松找出木马。

(2)进程隐藏技术

早期的进程隐藏技术称为 Register Service Process,即利用 Windows 98 提供的一种能将进程注册为服务进程的方法,任何程序的进程都能将自己注册为服务进程,而服务进程在 Windows 98 中的任务管理器中恰巧又是不显示的,因此便被木马程序钻了空子。找出这种木马程序只需使用第三方进程管理工具即可找到其所在,并且采用此技术进行隐藏的木马在别的系统(如 Windows 2000/XP)中就可以显示出来,中止该进程后将木马文件删除即可。因此第二代进程隐藏技术采用了进程插入的方式。

在 Windows 中,每个进程都有自己的私有内存地址空间,这保证了程序间互不影响,也保护了用户的隐私，比如一个 QQ 进程不能访问另一个 QQ 进程的用户资料、数据记录等。独立的进程对系统健壮性是有利的，但仍有很多种方法可以打破进程的界限，访问另一个进程的地址空间，即“进程插入”(Process Injection)。一旦木马的 DLL 插入另一个进程的地址空间后，就可以访问另一个进程的内容，从而导致隐私泄露等问题，如 QQ 密码泄露等。进程插入的方式主要有以下三种：

①使用注册表插入 DLL。早期的进程插入主要通过修改注册表中[HKEY_LOCAL_MACHINE\ Software \ Microsoft \ WindowsNT \ Current Version \ Windows \ App Init_DLLs]来达到插入进程的目的。该方式可以简单地实现木马程序的隐藏和自启动，但修改注册表后需要重新启动才能完成进程插入。

②使用挂钩插入 DLL。通过系统的挂钩机制(Hook)来插入进程需要调用 Set Windows Hook Ex 函数。该方式对木马编写者技术要求较高，程序调试困难，这种木马的制作者必须具有相当的 Win32 编程水平，但实现效果好，一些盗 QQ 木马、键盘记录木马就是以这样的方式隐藏在进程中，从而实现其破坏功能。

③使用远程线程函数插入 DLL。Windows 2000 及以上的系统中提供了远程进程(Create Remote Thread)机制，可以通过一个系统 API 函数来向另一个进程中创建线程(插入 DLL)。由于在用的系统大多为 Windows 2000 及以上的系统，因此加大了木马的入侵范围。当木马将自身作为 DLL 插入别的进程空间后，只有使用支持“进程模块查看”的进程管理工具才能发现木马进程。

通过挂钩和远程线程函数插入的木马一般不易被发现，如灰鸽子利用挂钩技术实现了文件和进程的隐藏，只能运用专业的软件检测并删除。灰鸽子程序配置时，需要注入 IEXPLORE. EXE 来进行隐藏。隐藏后，在系统的任务管理器中无法找到 IEXPLORE. EXE 进程，但实际上它已经注入 IEXPLORE. EXE 并进行连接了，通过工具可以查看。

杀毒软件对每种木马定义了特征码，能在运行前实施拦截。但是若很多木马经过加壳，相当于穿了件衣服，这样杀毒软件就认不出来了，但还是有部分杀毒软件会尝试对常用壳进行脱壳，然后再进行查杀。具体地讲，采用主动隐藏技术对木马进行加壳，这种壳具备事先得到程序控制权，由其通过各种手段对系统中安装的杀毒软件进行破坏，最后杀毒软件的保护被瓦解，壳释放包裹在自己“体内”的木马体并执行。对付这种木马的方法就是使用具有脱壳能力的杀毒软件对系统进行保护。

(三)木马的危害

当木马程序进入服务端后，计算机就可能沦为肉鸡，成为黑客手中的工具。木马带来的危害主要有盗取用户账号信息，威胁财产安全，利用即时通信软件盗取用户的身份，传播木马程序，打开受控制计算机的后门，以完全控制计算机。最初网络还处于以 UNIX 平台为主的时期，当时的木马程序往往是将一段程序嵌入到系统文件中，用跳转指令来执行一些木马的功能。在这个时期木马的设计者和使用者大都是些技术人员，必须具备相当的网络编程知识。随着 Windows 平台的日益普及，一些基于图形操作的木马程序改善了用户界面，编写者不用懂太多的专业知识就可以熟练操作木马，相对的木马入侵事件也频繁出现，对服务端的破坏也更大了。总体来说，木马对网络安全的危害主要包括以下几个方面。

1. 窃取信息

窃取对方计算机信息手段较多，但归结起来本质是一样的，都是通过程序，寻找或记录种植(程序)者需要的信息，并将其发送到他们手中。网上流行的木马程序比较多，但主要划分为两类：一类是公用性的综合木马程序(如冰河病毒)，它能够记录计算机使用者每一步的操作情况，键盘输入的具体字符以及搜寻计算机内存储的各种数据情况，这种木马只记录受害者的键盘敲击情况，并且在 LOG 文件里查找密码，键盘记录分为在线记录和离线记录两种形式，顾名思义，它们分别记录在线和离线状态下敲击键盘时的情况以从中找到密码；另一类是定向性的木马程序，其主要用途是盗取各类登录账号和密码，如 QQ 密码轻松盗、传奇盗号王等，这些木马一旦被执行，就会自动搜索内存、Cache、临时文件夹及各种敏感密码文件，一旦搜索到有用的密码，木马就会利用免费的电子邮件服务将密码发送到指定的邮箱，从而达到窃取密码的目的。

2. 远程控制

与传统的木马程序不同的是，这种木马能远程控制计算机，其本身并不具有太强的攻击性，它不会窃取信息，破坏应用程序，删除用户的硬盘文件。

(1)控制个人计算机

对个人计算机的远程控制，主要包括远程监视、远程文件管理等。

远程监视就是远程控制的一种，一旦被监视后，对方计算机的一举一动就都在黑客的监视之下。

远程视频监测能够监测对方的视频情况，当对方有摄像头时，可以自动启动摄像头捕捉图像，相当于监视对方的环境，只要对方计算机电源处于开启状态，就将毫无秘密可言。

更多的远程操作包含了更多的功能，比如远程文件管理、远程 Telnet、远程注册表管理等，这些都是为了方便黑客控制主机而设置的。一旦木马实现远程控制，用户的隐私在黑客面前荡然无存，但木马对个人计算机的远程控制造成的危害可能范围较小，对服务器造成的危害则极为严重。

(2)控制服务器

通过漏洞、上传等各种方式安装并运行于用户服务器上，为黑客提供随时出入的方便之门，而管理员无从知晓，甚至能创建超级管理员，以管理员的身份合法正常登录服务器。如果攻击者让服务器变成僵尸主机，组建黑客自己的僵尸网络，发动更大规模的黑客袭击，则将造成不可估量的损失。

(3)破坏类

这种木马唯一的功能就是破坏被感染计算机的文件系统，导致系统崩溃或重要数据丢失。从这一点上来说，它与病毒很相像。国家计算机病毒应急处理中心通过对互联网的监测发现，出现代理木马新变种 Trojan_Agent. CSQZ。该变种运行后，会从病毒文件中抽取两个文件释放到受感染操作系统的系统目录下，一个是可执行文件，另外一个是动态链接库文件。变种释放出来的两个文件会调用系统进程文件来执行其中释放出来的动态链接库 DLL 文件，并且导出指定函数值，随即停止相关系统服务，释放驱动文件到指定安装目录，然后再将其自身删除。与此同时，该变种还会在受感染系统的注册表中添加一系列表项键值，致使变种随操作系统启动而自动启动运行。该变种还会迫使受感染的操作系统主动连接访问互联网络中指定的 Web 服务器，下载其他木马、病毒等恶意程序。

(4)代理木马

代理木马具有自动传播木马病毒的功能，它们可以根据病毒编者指定的网址下载木马病毒或其他恶意软件，还可以通过网络、移动存储介质传播，使黑客在入侵的同时掩盖自己的足迹，种上代理木马的主机也称为“肉鸡”，已经变成攻击者发动攻击的“跳板”。这种木马除了自身带来的危害，还会利用密码字典破解弱密码，自我复制到共享文件夹下，感染共享目录下的 *. exe 文件，实现网络共享传播。

被控计算机一旦被木马控制将毫无秘密可言，因此掌握合理的木马查杀技巧对保护个人隐私和网络安全是具有至关重要的。

三、网络病毒

(一)网络病毒的原理及分类

互联网已成为人与人之间沟通的重要方式和桥梁。计算机的功能也从最开始简单的文件处理、数学运算、办公自动化发展到复杂的企业外部网、企业内部网、互联网世界范围内的业务处理以及信息共享等。计算机发展的脚步迅速，病毒的发展也同样迅速，计算机病毒不但没有像人们想象的那样随着 Internet 的流行而趋于消亡，而是进一步暴发流行，随着网络的普及，病毒开始利用网络进行传播，它们只是以上几代病毒的改进。蠕虫是典型的代表，它不占用除内存以外的任何资源，不修改磁盘文件，利用网络功能搜索网络地址，将自身向下一地址进行传播，有时也在网络服务器和启动文件中存在。网络病毒改变了一台机一台机的杀毒模式，因为网络的发展使得病毒的传播更加迅速。

从计算机网络迅速发展开始，网络病毒经历了突飞猛进的发展，种类越来越多，危害越来越大，从不同的角度看，网络病毒有不同的分类方式。

1. 按网络病毒功能区分

网络病毒按网络病毒功能区分，可以分为木马病毒和蠕虫病毒。木马病毒是一种后门程序，它会潜伏在操作系统中，窃取用户资料，比如QQ、网上银行密码、账号、游戏账号密码等。蠕虫病毒相对来说要先进一点，它的传播途径很广，可以利用操作系统和程序的漏洞主动发起攻击，每种蠕虫都有一个能够扫描到计算机当中的漏洞的模块，一旦发现后立即传播出去，由于蠕虫的这一特点，它的危害性也更大，它可以在感染了一台计算机后通过网络感染这个网络内的所有计算机，被感染后，蠕虫会发送大量数据包，所以被感染的网络速度就会变慢，也会因为CPU、内存占用过高而产生或濒临死机状态。

2. 按网络病毒传播途径区分

网络病毒按网络病毒传播途径区分，可以分为漏洞型病毒和邮件型病毒两种。相比较而言，邮件型病毒更容易清除，它是由电子邮件进行传播的，病毒会隐藏在附件中，伪造虚假信息欺骗用户打开或下载该附件，有的邮件病毒也可以通过浏览器的漏洞来进行传播，这样，用户即使只是浏览了邮件内容，并没有查看附件，也同样会让病毒乘虚而入。而漏洞型病毒应用最广泛的就是Windows操作系统，而Windows操作系统的系统操作漏洞非常多，微软会定期发布安全补丁，即便你没有运行非法软件，或者不安全连接，漏洞性病毒也会利用操作系统或软件的漏洞攻击你的计算机。

网络在发展，计算机在普及，病毒也在发展壮大，如今的病毒已经不仅是传统意义上的病毒，有的时候一个病毒往往身兼数职，自己本身是文件型病毒、木马型病毒、漏洞型病毒、邮件型病毒的混合体，这样的病毒危害性更大，也更难查杀。

（二）常见的网络病毒

1. 网游大盗

Trojan/PSW.GamePass网游大盗是一个盗取网络游戏账号的木马程序，会在被感染计算机系统的后台秘密监视用户运行的所有应用程序窗口标题，然后利用键盘钩子、内存截取或封包截取等技术盗取网络游戏玩家的游戏账号、游戏密码、所在区服、角色等级、金钱数量、仓库密码等信息资料，并在后台将盗取的所有玩家信息资料发送到黑客指定的远程服务器站点上，致使网络游戏玩家的游戏账号、装备物品、金钱等丢失，会给游戏玩家带来不同程度的损失。“网游大盗”会通过在被感染计算机系统注册表中添加启动项的方式实现木马开机自启动。

2. 代理木马及其变种

Trojan/Agent代理木马是木马家族的最新成员之一，它采用高级语言编写，并经过加壳保护处理。代理木马运行后会自我复制到被感染计算机系统中的指定目录下，通过修改注册表实现开机自启。在被感染计算机的后台秘密窃取用户所使用系统的配置信息，然后从黑客指定的远程服务器站点下载其他恶意程序并安装调用运行。其中，所下载的恶意程序可能为网络游戏盗号木马、远程控制后门和恶意广告程序等，给用户带来不同程度的损失。

3. BMW(Bios Rootkit)病毒

全球首例可刷写 BIOS 的 BMW 病毒(国际厂商命名为 Mebromi)，可感染计算机主板的 BIOS 芯片和硬盘 MBR(主引导区)，再控制 Windows 系统文件加载恶意代码，使受害用户无论重装系统、格式化硬盘，甚至换掉硬盘都无法将其彻底清除。

BMW 病毒攻击过程包括四步：①感染主板 BIOS 芯片；②通过 BIOS 感染硬盘；③通过硬盘感染 Windows 系统文件；④联网下载大批盗号木马等恶意程序，并将浏览器主页篡改为“new93 网址导航”。

4. 灰鸽子及其变种

Backdoor/Huigezi 灰鸽子是后门家族的最新成员之一，它采用 Delphi 语言编写，并经过加壳保护处理。灰鸽子病毒运行后，会自我复制到被感染计算机系统的指定目录下，并重新命名保存(文件属性设置为只读、隐藏、存档)。灰鸽子病毒是一个反向连接远程控制后门程序，运行后会与黑客指定远程服务器地址进行 TCP/IP 网络通信。中毒后的计算机会变成网络僵尸，黑客可以远程任意控制被感染的计算机，还可以窃取用户计算机里所有的机密信息资料等，给用户带去不同程度的损失。灰鸽子病毒会把自身注册为系统服务，以服务的方式来实现开机自启动运行。灰鸽子病毒主安装程序执行完毕后会自我删除。

5. 鬼影病毒及其变种

鬼影病毒主要依靠带毒游戏外挂等传播，以鬼影 3 为例，病毒典型症状包括篡改浏览器首页为 bubu888 网址导航，桌面出现免费电影和美女图片等广告图标，不定期弹出网页广告，杀毒软件反复扫出 beep. sys 和 alg. exe 文件却无法清除。

6. 超级工厂及其变种

全球闻名的“超级工厂 2 代”病毒利用 Windows 内核漏洞传播，使嵌入恶意字体文件的 Word 文档成为木马载体，再针对攻击目标窃取机密技术资料。Duqu 病毒是超级工厂病毒的第二代变种。此前，超级工厂病毒因破坏伊朗核电站而闻名全球，Duqu 病毒则转向攻击高科技企业，窃取机密技术资料，目前全世界已有多个国家的企业计算机感染此病毒。在我国，一家拥有蓝牙软硬件技术的高科技企业也曾遭到 Duqu 病毒的攻击。

7. 机器狗及其变种

以 Trojan/DogArp. h 为例，Trojan/DogArp. h 机器狗变种 h 是机器狗木马家族的最新成员之一，它采用高级语言编写，并经过加壳保护处理。机器狗变种 h 运行后，在指定目录下释放恶意驱动程序并加载运行。通过恶意驱动程序直接挂接磁盘 I/O 端口进行读写真实磁盘物理地址中的数据和进行监控关机行为等操作，从而达到穿透还原软件的目的；覆盖 explorer. exe、userinit. exe 或 regedit. exe 等系统文件，实现机器狗变种 h 开机自启动；恶意驱动程序还能还原系统 SSDT，致使某些安全软件的防御和监控功能失效；恶意破坏注册表，致使注册表编辑器无法运行；遍历当前计算机系统中的进程列表，一旦发现与安全相关的进程，强行将其关闭；修改注册表，利用进程映像劫持功能禁止近百种安全软件及调试工具运行；在被感染计算机系统的后台连接黑客指定站点获取恶意程序列表，下载列表中的所有恶意程序并在被感染计算机上自动调用运行，所下载的恶意程序可能是网游木马、广告程序（流氓软件）、后门等，能给被感染计算机用户带来不同程度的损失。

8. 新淘宝客病毒

新淘宝客病毒是利用驱动过滤劫持淘宝网搜索结果的病毒，该病毒使用了游戏捆绑、数字签名、驱动隐藏过滤、驱动切断云扫描等方法，使其隐藏能力大大增强。金山毒霸截获的该病毒样本系来自某知名单机游戏网站，它通过单机游戏捆绑方式传播，玩家在运行游戏的瞬间激活病毒，由于该病毒伪造成游戏文件并能使游戏正常运行，对玩家很具有迷惑性而认为是杀毒软件误报。

（三）网络病毒的危害

计算机病毒从只存在于实验室，到影响了几乎所有计算机使用者，其强大的危害性有目共睹，总体来说，与传统的计算机病毒相比，网络病毒带来了更为严重的危害，主要表现在用户隐私泄露和网络性能影响上。

1. 隐私泄露

网络病毒窃取用户资料，如 QQ、网上银行密码、账号、游戏账号密码等。随着互联网和移动互联网的日益普及，人们享受到无比的便利，网络办公、网上购物、网上交友、网络游戏提高了生活效率，同时也带来了生活乐趣，但是随着网络上各种账号、密码的增加，基于盗取这些信息，从而获取利益的病毒也急剧增加，这些信息的泄露轻则侵犯到个人的隐私，重则带来巨大的经济损失，在网络越来越普及的今天，对计算机使用者带来的影响也越来越大。

2. 性能影响

网络病毒相对单机病毒对计算机及网络的性能影响更大，其原因在于它的传播途径很广，而且可以影响整个网络，网络病毒可以利用目前较快的网速实现远高于光盘、软盘等介质的传播速度。以蠕虫病毒为例，每种蠕虫都有一个能够扫描到计算机当中的漏洞的模块，一旦发现后立即传播出去，它可以在感染了一台计算机后通过网络感染这个网络内的所有计算机，被感染后，蠕虫会发送大量数据包，所以被感染的网络速度就会变慢，也会因为 CPU、内存占用过高而产生或濒临死机状态。目前，高校、公司甚至家庭等各个方面都离不开计算机和网络,一旦网络病毒在校园网内大肆传播,将造成用户文件丢失、网络阻塞甚至设备损坏等严重后果。例如,冲击波杀手病毒曾造成许多网络核心设备过载死机,严重影响了网络的运行;震荡波病毒也曾大规模传播流行,感染病毒机器反复重启,严重影响了用户的使用。传奇木马一类的 arp 病毒引起局部网络时断时续,网络访问非常困难。总之,网络病毒严重影响了网络性能,导致网络无法正常运行。

四、反病毒技术

计算机病毒技术发展的过程,也是计算机反病毒技术发展的过程,计算机反病毒工作者从最初的仓促应战,到越来越掌握主动权,经历了漫长而曲折的过程。

最开始的杀毒软件是针对单个病毒而设计的,但随着计算机病毒数量急剧膨胀,达到上千种,显然不能用上千种杀毒软件去对抗大量病毒,并且随着新病毒的出现而不断升级。毫无疑问,杀病毒软件是对抗计算机病毒、彻底解除病毒危害的有力工具。但美中不足的是杀病毒软件只能检测杀除已知病毒,而对新病毒却无能为力,同时人们发现杀病毒软件本身也会染上病毒。于是反病毒技术界就设想能否研制一种既能对抗新病毒又不怕病毒感染的新型反病毒产品。后来这种反病毒硬件产品研制出来了,就是防病毒卡。防病毒卡的核心是一个固化在 ROM 中的软件,它的出发点是以不变应万变,通过动态驻留内存来监视计算机的运行情况,根据总结出的病毒行为规则和经验,通过截获中断控制权规则和经验来判断是否有病毒活动。

90 年代以后,随着操作系统和网络的大力发展,病毒技术也获得了新的发展,防病毒卡已失去存在的价值,退出历史舞台,出现了具有实时防病毒功能的反病毒软件。总体来说,反病毒技术经历了以下发展阶段。

第一代反病毒技术采取单纯的病毒特征诊断,但是对加密、变形的新一代病毒,简单扫描无能为力。

第二代反病毒技术采用静态广谱特征扫描技术,可以检测变形病毒,但是误报率高,杀毒风险大,显示出静态防病毒技术难以克服的缺陷。

第三代反病毒技术将静态扫描技术和动态仿真跟踪技术相结合,能够全面实现防、查、杀等反病毒所必备的手段,以驻留内存的方式检测病毒的入侵,凡是检测到的病毒都能清除,不会破坏文件和数据。

第四代反病毒技术基于病毒家族体系的命名规则,基于多位 CRC 校验和扫描机理、启发式智能代码分析模块、动态数据还原模块(能查出隐蔽性极强的压缩加密文件中的病毒)、内存杀毒模块、自身免疫模块等先进杀毒技术,能够较好地完成查杀毒的任务。

可以肯定只要计算机病毒继续存在,反病毒技术就会继续发展。新的病毒形态不断出现，但反病毒技术基于检测、防范和清除的一般规律是不变的，即计算机病毒的防治要从查毒、防毒和杀毒三个方面来进行。

(一)病毒的检测

病毒的检测即查毒，是清除病毒的前提条件。通过查毒，应该能够准确地判断计算机系统是否感染病毒，能准确地找出病毒的来源，并能给出统计报告；查毒的能力应由查毒率和误报率来评断。目前通用的查毒方式有以下三种。

1. 病毒扫描

病毒扫描的原理就是寻找病毒特征，通过这些病毒特征能唯一地识别某种类型的病毒。判别病毒扫描程序好坏的一个重要指标就是误报率。如果误报率太高，就会带来不必要的虚惊。此外，进行病毒扫描的软件必须随时更新，因为新的病毒不断涌现，而且有些病毒还具有变异性和多态性。

2. 完整性检查

完整性检查可以用来监视文件的改变，当病毒破坏了用户的文件后，比如将自己隐藏于文件头部、尾部或文件中，文件大小就会改变，完整性检查程序就可帮助用户发现病毒。该技术的缺点是只有在病毒产生破坏作用之后，才可能发现病毒，且误报率相对较高。例如，由于软件的正常升级或程序设置的改变等原因都可以导致误报，但是完整性检查软件主要检查文件的改变，所以它们适合于对付多态和变异病毒。

3. 行为封锁

行为封锁有别于在文件中寻找或观察文件被改变的软件，它试图在病毒开始工作时就阻止病毒。在异常事件发生前，行为封锁软件可能检查到异常情况，并警告用户。当然，有的可疑行为实际上是完全正常的，所以误诊总是难免的。例如，一个文件调用另一个可执行文件就可能存在伴随型病毒的征兆，但也可能是某个软件包要求的一种操作。

对于确定的环境，包括内存、文件、引导区/主引导区、网络等能够准确地报出病毒名称。但计算机病毒的应用环境是不断变化的，查毒时应当结合多种技术，才能有效地检测出病毒，从而更好地保护计算机不受病毒侵害。

(二)病毒的防范与清除

随着计算机技术的不断发展，计算机病毒变得越来越复杂，其对计算机信息系统构成的威胁也越来越大，急需进行病毒防范。病毒防范需要根据系统特性，采取相应的系统安全措施预防病毒入侵计算机。通过采取防毒措施，可以准确、实时地检测经由光盘、软盘、硬盘等不同目录之间、局域网、因特网之间或其他形式的文件下载等多种方式进行的传播；能够在病毒侵入系统时发出警报，记录携带病毒的文件，及时清除其中的病毒。对网络病毒而言，能够向网络管理人员发送关于病毒入侵的消息，记录病毒入侵的工作站，必要时还能够注销工作站，隔离病毒源。

1. 病毒的防范

预防计算机病毒有一些基本的方法，主要包括技术性防毒和策略性防毒两个方面。

(1)技术性防毒

技术性防毒主要包括使用杀毒软件并且经常将其升级更新，使病毒程序远离计算机；使用最新版本的万维网浏览器软件、电子邮件软件及其他程序。

(2)策略性防毒

对于大部分计算机防病毒软件而言，完全预防所有的病毒是几乎不可能的事情，策略性防毒将会更大程度地保障计算机安全，包括对重要文件进行备份，以免由于病毒危害造成不可挽回的损失；保持良好的习惯，使用由数字和字母混排而成、难以破译的口令密码，并且经常更换，对不同的网站和程序，要使用不同的口令，以防止被黑客破译，只向有安全保证的网站发送信用卡号码，留意寻找浏览器底部显示的挂锁图标或钥匙形图标，不打开来路不明的电子邮件的附件；及时了解病毒技术的最新动向，若知道某种病毒的发作条件，在不能确定计算机是否被病毒感染的情况之下，最简单的做法就是不让这种病毒发作的条件得到满足。

2. 病毒的清除

病毒清除是指根据不同类型病毒对感染对象的修改，并按照病毒的感染特征所进行的恢复，该恢复过程不能破坏未被病毒修改的内容，即最大限度地恢复感染对象未中毒前的原始信息。感染对象包括内存、引导区/主引导区、可执行文件、文档文件、网络等。清毒能力是指从感染对象中清除病毒，恢复被病毒感染前的原始信息的能力。

(1)文件型病毒的清除

文件型病毒的清除最为普遍，因为在计算机病毒中绝大部分是文件型。从数学角度而言，消除病毒的过程实际上是病毒感染过程的逆过程。通过检测工作(跳转、解码)，可以得到病毒体的全部代码，分析病毒对文件的修改，把这些修改还原即可将病毒清除。

(2)引导型病毒的清除

清除引导型病毒要复杂得多，因为此类病毒占据软盘或硬盘的第一个扇区，在开机后先于操作系统得到对计算机的控制，影响系统的 I/O 存取速度，干扰系统的正常运行，需要通过重写引导区的方法清除。这类病毒的种类比较多，我国发现的第一例病毒——小球病毒就是引导型病毒。

(3)内存病毒清除

清除内存病毒的难度更高，因为内存中的病毒会干扰反病毒软件的检测结果，所以反病毒软件的设计者还必须考虑到对内存进行杀毒。新的内存杀毒技术是找到病毒在内存中的位置，重构其中部分代码，使其传播功能失效。

(三)常见的杀毒软件介绍

目前最有效的病毒预防和清除方式是安装杀毒软件,一般的单位或企业会购买一定期限的软件,可以比较有效地防范病毒的入侵,保护公司系统的安全和保证数据的保密性。对于一般的用户,可以选择到网上寻找适当的资源。当然,杀毒软件需要通过在线或离线升级的方式实时更新最新的版本。

专业的杀毒软件有 Symantec Norton Antivirus、McAfee Virus Scan、F－Secure Anti Virus、BitDefender 等,这些软件大多需要支付一定的费用。对个人计算机而言,在互联网上有很多公司提供了免费的防毒杀毒软件,比较常见的有 360 杀毒软件、瑞星杀毒软件、江民杀毒软件等。下面对 360 软件设置做简单介绍。安装完 360 杀毒软件后,打开软件界面,默认显示的是“智巧模式”界面。

360 杀毒(3.1.3073)版本界面中包含了 Office 宏病毒扫描功能(左下方),可以查杀宏病毒。但建议按照如下步骤进行设置:在此界面右下方点击“切换到专业模式”,将打开“专业模式”界面。

这样 Office 宏病毒扫描功能独立出来了,但并非意味着宏病毒只能通过这个按钮来查杀,其他扫描方式都是可以查杀宏病毒的,独立出来表示它只针对宏病毒进行查杀,其速度会比较快。

(四)网络病毒的防范与清除

网络环境下病毒的防范与清除显得更加重要了。这有两方面的原因:首先是网络病毒具有更大破坏力;其次是遭到病毒破坏的网络要进行恢复非常麻烦,而且有时几乎不可能恢复。因此采用高效的网络防病毒方法和技术是一件非常重要的事情。一般来讲,计算机病毒的防治在于完善操作系统和应用软件的安全机制。但在网络环境条件下,可相应采取新的防范手段。网络大都采用 Client－Server 的工作模式,需要从服务器和工作站两个方面结合解决防范病毒的问题。

1.基于服务器的防毒技术

服务器是网络的核心,一旦服务器被病毒感染,无法启动,整个网络就会陷于瘫痪。目前基于服务器的防治病毒方法大都采用了 NLM(NetWare Load Module)技术,以 NLM 模块方式进行程序设计,以服务器为基础,提供实时扫描病毒能力。市场上的产品如 Central Point 公司的 AntiVirus for Networks、Intel 公司的 LANdesk Virus Protect 以及南京威尔德计算机公司的 Lanclear for NetWare 等都是采用了以服务器为基础的防病毒技术。这些产品的目的都是保护服务器,使服务器不被感染。这样,病毒也就失去了传播途径,因而杜绝了病毒在网上蔓延。基于服务器的防毒技术一般具有以下功能。

(1)服务器所有文件扫描

对服务器中的所有文件集中检查是否带毒,若有带毒文件,则提供管理员等几种处理方法,允许用户清除病毒,或删除带毒文件,或更改带毒文件名成为不可执行文件名并隔离到一个特定的病毒文件目录中。

(2)设置扫描时机

设置扫描时机包括实时扫描和管理员设置扫描时机。实时扫描即全天24小时监控网络中是否有带毒文件进入服务器,实时在线扫描能非常及时地追踪病毒的活动,及时告知网络管理员和工作站用户;服务器扫描时机选择可由系统管理员定期检查服务器中是否带毒,可按月、周或天集中扫描网络服务器。

(3)对工作站扫描

基于服务器的防病毒软件不能保护本地工作站的硬盘,有效方法是在服务器上安装防毒软件,同时在上网的工作站内存中调入一个常驻扫毒程序,实时检测在工作站中运行的程序。

(4)对用户开放的特征接口

对用户遇到的带毒文件,自动报告功能及病毒存档,病毒存档内容为病毒类型、病毒名称、带毒文件所存的目录及工作站标识和对病毒文件处理方法等;经过病毒特征分析程序,自动将病毒特征加入特征库,以随时增强抗毒能力。

基于服务器的防治病毒方法,表现在可以集中式扫毒,能实现实时扫描功能,软件升级方便。特别是当连网的机器很多时,利用这种方法比为每台工作站都安装防病毒产品要节省成本。

2.基于工作站的防毒技术

虽然服务器扫描具有较高的扫描效率,也节省了成本,但不能兼顾所有的工作站,对某些重要位置的工作站,可以采取单独防毒的方法结合使用。工作站方面安装防病毒芯片的方法,这种方法是将防病毒功能集成在一个芯片上,安装在网络工作站上,以便经常性地保护工作站及其通往服务器的路径,就能有效地防止病毒的入侵。将工作站存取控制与病毒保护能力合二为一插在网卡的EPROM槽内,用户也可以免除许多烦琐的管理工作。

市场上Chipway防病毒芯片就是采用了这种网络防病毒技术在工作站DOS引导过程中,ROMBIOS、Extended BIOS装入后,Partition Table装入之前,Chipway获得控制权,这样可以防止引导型病毒。Chipway的特点:①不占主板插槽,避免了冲突;②遵循网络上国际标准,兼容性好;③具有其他工作站防毒产品的优点。但目前,Chipway对防止网络上广为传播的文件型病毒能力还十分有限。

同时,由于网络防病毒最大的优势在于网络的管理能力,可以从两方面着手解决:一是建立严格的管理制度,加强硬、软件的管理,防止硬、软件随意流通,尤其是光盘、U盘、移动硬盘等存储工具的流通;二是充分利用网络系统安全管理方面的功能,即设置注册名、用户口令、访问权限和文件属性等,有效地防止病毒侵入。

第五章 人工智能与智能信息处理技术

第一节 人工智能的基础内容

一、人工智能的概念和发展

（一）人工智能的概念

智能指学习、理解并用逻辑方法思考事物，以及应对新的或者困难环境的能力。智能的要素包括适应环境，适应偶然性事件，能分辨模糊的或矛盾的信息，在孤立的情况中找出相似性，产生新概念和新思想。智能行为包括知觉、推理、学习、交流和在复杂环境中的行为。

智能分为自然智能和人工智能。自然智能指人类和一些动物所具有的智力和行为能力。人类智能是人类所具有的以知识为基础的智力和行为能力，表现为有目的的行为、合理的思维，以及有效地适应环境的综合性能力。智力是获取知识并运用知识求解问题的能力，能力则指完成一项目标或者任务所体现出来的素质。

1. 人工智能的定义

人工智能是相对于人的自然智能而言的，从广义上解释就是"人造智能"，指用人工的方法和技术在计算机上实现智能，以模拟、延伸和扩展人类的智能。由于人工智能是在机器上实现的，所以又称机器智能。

人工智能就其本质而言就是研究如何制造出人造的智能机器或智能系统，来模拟人类的智能活动，以延伸人们智能的科学。人工智能包括有规律的智能行为。有规律的智能行为是计算机能解决的，而无规律的智能行为，如洞察力、创造力，计算机目前还不能完全解决。

2. 判定机器智能的方法

(1)图灵测试

英国数学家和计算机学家艾伦·图灵(Alan Turing)曾经做过一个很有趣的尝试，借以判定某一特定机器是否具有智能。这一尝试是通过所谓的"问答游戏"进行的。这种游戏要求某些客人悄悄藏到另一间房间里去。然后请留下来的人向这些藏起来的人提问题，并要他们根据得到的回答来判定与他对话的是一位先生还是一位女士。回答必须是间接的，必须有一个中间人把问题写在纸上，或者来回传话，或者通过电传打字机联系。图灵由此想到,同样可以通过与一台据称有智能的机器作回答来测试这台机器是否真有智能。

20 世纪 50 年代图灵提出了著名的图灵测试。其方法是分别由人和计算机来同时回答某人提出的各种问题。如果提问者辨别不出回答者是人还是机器,则认为通过了测试,并且说这台机器有智能。图灵自己也认为制造一台能通过图灵测试的计算机并不是一件容易的事。他曾预言,在 50 年以后,当计算机的存储容量达到一定水平时,测试者有可能在连续交谈约 5 分钟后,以不超过 70%的概率做出正确的判断。

"图灵测试"的构成:测试用计算机、被测试的人和主持测试的人。

"图灵测试"的方法:①测试用计算机和被测试的人分开去回答相同的问题;②把计算机和人的答案告诉主持人;③主持人若不能区别开答案是计算机回答的还是人回答的,就认为被测计算机和人的智力相当。

20 世纪 90 年代,美国塑料便携式迪斯科跳舞毯大亨休·洛伯纳(Hugh Loebner)赞助"图灵测试",并设立了洛伯纳奖,第一个通过一个无限制图灵测试的程序将获得 10 万元美金。对洛伯纳奖来说,人和机器都要回答裁决者提出的问题。每台机器都试图让一群评审专家相信自己是真正的人类,扮演人的角色最好的那台机器将被认为是"最有人性的计算机"而赢得这场比赛,而参加测试胜出的人则赢得"最有人性的人"大奖。在过去的 20 多年里,人工智能社群都会齐聚以图灵测试为主题的洛伯纳大奖赛,这是该领域最令人期待也最惹人争议的盛事。

图灵测试的本质可以理解为计算机在与人类的博弈中体现出智能,虽然目前还没有机器人能够通过图灵测试,图灵的预言并没有完全实现,但基于国际象棋、围棋和扑克软件进行的人机大战,让人们看到了人工智能的进展。

(2)中文屋子问题

如果一台计算机通过了图灵测试,那么它是否真正理解了问题呢?美国哲学家约翰·希尔勒对此提出了否定意见。为此,希尔勒利用一个故事理解程序(该程序可以在"阅读"一个英文写的小故事之后,回答一些与故事有关的问题),提出了中文屋子问题。

希尔勒首先设想的故事不是用英文,而是用中文写的。这一点对计算机程序来说并没有太大的变化,只是将处理英文改变为处理中文即可。希尔勒想象自己在一个屋子里完全按照程序进行操作,因此最终得到的结果是中文的"是"或"否",并以此作为对中文故事的问题的回答。希尔勒不懂中文,只是完全按程序完成了各种操作,他并没有理解故事中的任何一个词,但给出的答案与一个真正理解这个故事的中国人给出的一样好。由此,希尔勒得出结论:即便计算机给出了正确答案,顺利通过了图灵测试,但计算机也没有理解它所做的一切,因此也就不能体现出任何智能。

人们根据计算机难以通过图灵测试的特点,逆向地使用图灵测试,有效地解决了一些难题。如在网络系统的登录界面上,随机地产生一些变形的英文单词或数字作为验证码,并加上比较复杂的背景，登录时要求正确地输入这些验证码，系统才允许登录。而当前的模式识别技术难以正确识别复杂背景下变形比较严重的英文单词或数字，这点人类却很容易做到，这样系统就能判断登录者是人还是机器，从而有效地防止了利用程序对网络系统进行的恶意攻击。

（二）人工智能的发展

人工智能的研究历史可以追溯到遥远的过去。在我国西周时代，巧匠偃师为周穆王制造歌舞机器人的传说。东汉时期，张衡发明的指南车可以认为是世界上最早的机器人雏形。公元前 3 世纪和公元前 2 世纪在古希腊也有关于机器卫士和玩偶的记载。1768—1774 年间，瑞士钟表匠制造了三个机器玩偶，分别能够写字、绘画和演奏风琴，它们是由弹簧和凸轮驱动的。这说明在几千年前，古代人就有了人工智能的幻想。

1. 孕育期

人工智能的孕育期一般指 1956 年以前，这一时期为人工智能的产生奠定了理论和计算工具的基础。

1900 年，世纪之交的数学家大会在巴黎召开，数学家大卫・希尔伯特（David Hilbert）庄严地向全世界数学家们宣布了 23 个未解决的难题。这 23 道难题道道经典，而其中的第二问题和第十问题则与人工智能密切相关，并最终促成了计算机的发明。因此，有人认为是 20 世纪初期的数学家，用方程推动了整个世界。

被后人称为希尔伯特纲领的希尔伯特的第二问题是数学系统中应同时具备一致性和完备性，希尔伯特的第二问题的思想，即数学真理不存在矛盾，任何真理都可以描述为数学定理。他认为可以运用公理化的方法统一整个数学，并运用严格的数学推理证明数学自身的正确性。希尔伯特第十问题的表述是“是否存在着判定任意一个丢番图方程有解的机械化运算过程”。后半句中的“机械化运算过程”就是算法。

捷克数学家库尔特・哥德尔（Kurt Godel）致力于攻克第二问题。他很快发现，希尔伯特第二问题的断言是错的，其根本问题是它的自指性。他通过后来被称为“哥德尔句子”的悖论句，证明了任何足够强大的数学公理系统都存在着瑕疵，一致性和完备性不能同时具备，这便是著名的哥德尔定理。1931 年哥德尔提出了被美国《时代周刊》评选为 20 世纪最有影响力的数学定理——哥德尔不完备性定理，推动了整个数学的发展。在哥德尔的原始论文中，所有的表述是严格的数学语言。哥德尔句子可以通俗地表述为：本数学命题不可以被证明，句子：“我在说谎”也是哥德尔句子。

图灵被希尔伯特的第十问题深深地吸引了。图灵设想出了一个机器——图灵机，它是计算机的理论原型，圆满地刻画出了机械化运算过程的含义，并最终为计算机的发明铺平了道路。

图灵机模型形象地模拟了人类进行计算的过程，图灵机模型一经提出就得到了科学家们的认可。1950年,图灵发表了题为《计算机能思考吗?》的论文,论证了人工智能的可能性,并提出了著名的图灵测试,推动了人工智能的发展。1951年,他被选为英国皇家学会会员。

对于是否存在真正的人工智能或者说是否能够造出智力水平与人类相当甚至超过人类的智能机器,一直存在着争论。一类观点认为:如果把人工智能看作一个机械化运作的数学公理系统,那么根据哥德尔定理,必然存在着某种人类可以构造但机器无法求解的问题,因此人工智能不可能超过人类。另一类观点认为:人脑对信息的处理过程不是一个固定程序,随着机器学习,特别是深度学习取得的成功,使得程序能够以不同的方式、不断地改变自己,真正的人工智能是可能的。

1956年,由年轻的数学助教约翰·麦卡锡(John McCarthy)和他的三位朋友马文·明斯基(Marvin Minsky)、纳撒尼尔·罗切斯特(Nathaniel Rochester)和克劳德·香农(Claude Shannon)共同发起,邀请艾伦·纽厄尔(Allen Newell)和赫伯特·西蒙(Herbert Simon)等科学家在美国的Dartmouth大学组织了一个夏季学术讨论班,历时2个月。参加会议的都是在数学、神经生理学、心理学和计算机科学等领域中从事教学和研究工作的学者,在会上第一次正式使用了人工智能这一术语,从而开创了人工智能这个研究学科。

2. AI的基础技术的研究和形成时期

AI的基础技术的研究和形成时期是指1956—1970年期间。1956年纽厄尔和西蒙等首先合作成功研制"逻辑理论机"。该系统是第一个处理符号而不是处理数字的计算机程序,是机器证明数学定理的最早尝试。

1956年,另一项重大的开创性工作是塞缪尔(Arthur Samuel)成功研制"跳棋程序"。该程序具有自改善、自适应、积累经验和学习等能力,这是模拟人类学习和智能的一次突破,该程序于1959年击败了它的设计者,1963年又击败了美国的一个州的跳棋冠军。

1960年,纽厄尔和西蒙又研制成功"通用问题求解程序(General Problem Solving, GPS)系统",用来解决不定积分、三角函数、代数方程等十几种性质不同的问题。

1960年,麦卡锡(John McCarthy)提出并成功研制"表处理语言LISP"。它不仅能处理数据,而且可以更方便地处理符号,适用于符号微积分计算、数学定理证明,数理逻辑中的命题演算、博弈、图像识别以及人工智能研究的其他领域,从而武装了一代人工智能科学家,是人工智能程序设计语言的里程碑,至今仍然是研究人工智能的良好工具。

1965年,被誉为"专家系统和知识工程之父"的费根鲍姆(Feigenbaum)和他的团队开始研究专家系统,并于1968年成功研究第一个专家系统——DENDRAL,用于质谱仪分析有机化合物的分子结构,为人工智能的应用研究做出了开创性贡献。

1969年召开了第一届国际人工智能联合会议(International Joint Conference on AI, IJCAI),1970年《人工智能国际杂志》创刊,标志着人工智能作为一门独立学科登上了国际学术舞台，并对促进人工智能的研究和发展起到了积极作用。

3. AI发展和实用阶段

AI发展和实用阶段是指1971—1980年期间。在这一阶段，多个专家系统被开发并投入使用，如化学、数学、医疗、地质等方面的专家系统。

1975年美国斯坦福大学开发了MYCIN系统，用于诊断细菌感染和推荐抗生素使用方案。MYCIN是一种使用了人工智能的早期模拟决策系统，是后来专家系统研究的基础。

1976年，凯尼斯·阿佩尔（Kenneth Appel）和沃夫冈·哈肯（Wolfgang Haken）等人利用人工和计算机混合的方式证明了一个著名的数学猜想——四色猜想（现在称为四色定理），即对于任意的地图，最少仅用四种颜色就可以使该地图着色，并使得任意两个相邻国家的颜色不会重复，但其证明却异常烦琐。配合着计算机超强的穷举和计算能力，阿佩尔等人证明了这个猜想。

1977年，在第五届国际人工智能联合会会议上，费根鲍姆（Feigenbaum）在一篇题为《人工智能的艺术：知识工程课题及实例研究》的特约文章中系统地阐述了专家系统的思想，并提出了“知识工程”的概念。

4. 知识工程与机器学习发展阶段

知识工程与机器学习发展阶段指1981—1990年初这段时间。知识工程的提出，专家系统的初步成功，确定了知识在人工智能中的重要地位。知识工程不仅对专家系统发展影响很大，而且对信息处理的所有领域都将有很大的影响，知识工程的方法很快渗透到人工智能的各个领域，促进了人工智能从实验室研究走向实际应用。

学习是系统在不断重复的工作中对本身的增强或者改进，使得系统在下一次执行同样任务或类似任务时，比现在做得更好或效率更高。

从20世纪80年代后期开始，机器学习的研究发展到了一个新阶段。在这个阶段，联结学习取得很大成功；符号学习已有很多算法不断成熟，新方法不断出现，应用扩大，成绩斐然；有些神经网络模型能在计算机硬件上实现，使神经网络有了很大发展。

5. 智能综合集成阶段

智能综合集成阶段指20世纪90年代至今，这个阶段主要研究模拟智能。

第五代电子计算机称为智能计算机。它是一种有知识、会学习、能推理的计算机，具有理解自然语言、声音、文字和图像的能力，并且具有说话的能力，使人机能够用自然语言直接对话。它可以利用已有的和不断学习到的知识，进行思维、联想、推理，并得出结论，能解决复杂问题，具有汇集、记忆、检索有关知识的能力。智能计算机突破了传统的冯·诺伊曼式机器的概念，舍弃了二进制结构，把许多处理机并联起来，并行处理信息，速度大大提高。它的智能化人机接口使人们不必编写程序，人们只需发出命令或提出要求，计算机就会完成推理和判断，并且给出解释。1988年，第五代计算机国际会议召开。1991年，美国加州理工学院推出了一种大容量并行处理系统，528 台处理器并行工作，其运算速度可达到每秒 320 亿次浮点运算。

第六代电子计算机将被认为是模仿人的大脑判断能力和适应能力，并具有可并行处理多种数据功能的神经网络计算机。与以逻辑处理为主的第五代计算机不同，它本身可以判断对象的性质与状态，并能采取相应的行动，而且它可同时并行处理实时变化的大量数据，并引出结论。以往的信息处理系统只能处理条理清晰、经络分明的数据，而人的大脑却具有能处理支离破碎、含糊不清的信息的灵活性，第六代电子计算机将具有类似人脑的智慧和灵活性。

20 世纪 90 年代后期，互联网技术的发展为人工智能的研究带来了新的机遇，人们从单个智能主题研究转向基于网络环境的分布式人工智能研究。1996 年深蓝战胜了国际象棋世界冠军卡斯帕罗夫成为人工智能发展的标志性事件。

21 世纪初至今，深度学习带来人工智能的春天，随着深度学习技术的成熟，人工智能正在逐步从尖端技术慢慢变得普及。大众对人工智能最深刻的认识就是 2016 年 AlphaGo 和李世石的对弈。2017 年 5 月 27 日，阿尔法狗（AlphaGo）与柯洁的世纪大战，再次以人类的惨败告终。人工智能的存在，能够让 AlphaGo 的围棋水平在学习中不断上升。

二、人工智能的研究学派与研究目标

（一）人工智能的研究学派

1. 符号主义

符号主义又称逻辑主义、心理学派或计算机派，其理论主要包括物理符号系统（即符号操作系统）假设和有限合理性原理。

符号主义认为可以从模拟人脑功能的角度来实现人工智能，代表人物是纽厄尔、西蒙等。他们认为人的认知基元是符号，而且认知过程就是符号操作过程，智能行为是符号操作的结果。该学派认为人是一个物理符号系统，计算机也是一个物理符号系统，因此，存在可能用计算机来模拟人的智能行为，即用计算机通过符号来模拟人的认知过程。

2. 联结主义

联结主义又称仿生学派或生理学派，其理论主要包括神经网络及神经网络间的连接机制和学习算法。

联结主义主要进行结构模拟，认为人的思维基元是神经元，而不是符号处理过程，认为大脑是智能活动的物质基础，要揭示人类的智能奥秘，就必须弄清大脑的结构，弄清大脑信息处理过程的机理，并提出了联结主义的大脑工作模式，用于取代符号操作的电脑工作模式。

3. 行为主义

行为主义又称进化主义或控制论学派，其理论主要包括控制论及感知再到动作型控制系统。

行为主义主要进行行为模拟，认为智能行为只能在现实世界中与周围环境交互作用而表现出来，因此用符号主义和联结主义来模拟智能显得有些与事实不相吻合，这种方法通过模拟人在控制过程中的智能活动和行为特性，如自寻优、自适应、自学习、自组织等，来研究和实现人工智能。

（二）人工智能的研究目标

人工智能的研究目标可分为远期目标和近期目标。

人工智能的近期目标是研究依赖于现有计算机去模拟人类某些智力行为的基本原理、基本技术和基本方法。即先部分或某种程度地实现机器的智能，从而使现有的计算机更灵活、更好用和更有用，成为人类的智能化信息处理工具。

人工智能的远期目标是研究如何利用自动机去模拟人的某些思维过程和智能行为，最终造出智能机器。具体来讲，就是要使计算机具有看、听、说、写等感知和交互功能，具有联想、推理、理解、学习等高级思维能力，还要有分析问题、解决问题和发明创造的能力。简言之，也就是使计算机像人一样具有自动发现规律和利用规律的能力，或者说具有自动获取知识和利用知识的能力，从而扩展和延伸人的智能。

第二节 人工智能的研究领域

人工智能的主要目的是用计算机来模拟人的智能。人工智能的研究领域包括模式识别、问题求解、机器视觉、自然语言理解、自动定理证明、自动程序设计、博弈、专家系统、机器学习、机器人等。

当前人工智能的研究已取得了一些成果，如自动翻译、战术研究、密码分析、医疗诊断等，但距真正的智能还有很长的路要走。

一、模式识别

模式识别是AI最早研究的领域之一，主要是指用计算机对物体、图像、语音、字符等信息模式进行自动识别的科学。

模式的原意是提供模仿用的完美无缺的标本，模式识别就是用计算机来模拟人的各种识别能力，识别出给定的事物与哪一个标本相同或者相似。

模式识别的基本过程包括：对待识别事物进行样本采集、信息的数字化、数据特征的提取、特征空间的压缩以及提供识别的准则等，最后给出识别的结果。在识别过程中需要学习过程的参与，这个学习的基本过程是先将已知的模式样本进行数值化，送入计算机，然后将这些数据进行分析，去掉对分类无效的或可能引起混淆的那些特征数据，尽量保留对分类判别有效的数值特征，经过一定的技术处理，制定出错误率最小的判别准则。

当前模式识别主要集中于图形识别和语音识别。图形识别主要是研究各种图形（如文字、符号、图形、图像和照片等）的分类。例如，识别各种印刷体和某些手写体文字，识别指纹、白细胞和癌细胞等。这方面的技术已经进入实用阶段。

语音识别主要研究各种语音信号的分类。语音识别技术近年来发展很快，现已有商品化产品（如汉字语音录入系统）上市。

二、自动定理证明

自动定理证明是指利用计算机证明非数值性的结果，即确定它们的真假值。

在数学领域中对臆测的定理寻求一个证明，一直被认为是一项需要智能才能完成的任务。定理证明时，不仅需要有根据假设进行演绎的能力，而且需要有某种直觉和技巧。

早期研究数值系统的机器是20世纪20年代由美国加州大学伯克利分校制作的。这架机器由锯木架、自行车链条和其他材料构成，是一台专用的计算机。它可用来快速解决某些数论问题，如素性检验，即分辨一个数是素数还是合数，是这些数论问题中最重要的问题之一。一个问题的数值解所应满足的条件可通过在自行车链条的链节内插入螺栓来指定。

三、机器视觉

机器感知就是计算机直接"感觉"周围世界。具体来讲，就是计算机像人一样通过"感觉器官"直接从外界获取信息，如通过视觉器官获取图形、图像信息，通过听觉器官获取声音信息。

机器视觉研究为完成在复杂的环境中运动和在复杂的场景中识别物体需要哪些视觉信息以及如何从图像中获取这些信息。

四、专家系统

专家系统是一个能在某特定领域内，以人类专家水平去解决该领域中困难问题的计算机应用系统。其特点是拥有大量的专家知识（包括领域知识和经验知识），能模拟专家的思维方式，面对领域中复杂的实际问题，能做出专家水平的决策，像专家一样解决实际问题。这种系统主要用软件实现，能根据形式的和先验的知识推导出结论，并具有综合整理、保存、再现与传播专家知识和经验的功能。

专家系统是人工智能的重要应用领域，诞生于20世纪60年代中期，经过70年代和80年代的较快发展，现在已广泛应用于医疗诊断、地质探矿、资源配置、金融服务和军事指挥等领域。

五、机器人

机器人是一种可编程序的多功能的操作装置。机器人能认识工作环境、工作对象及其状态，能根据人的指令和自身认识外界的结果来独立地决定工作方法，实现任务目标，并能适应工作环境的变化。

随着工业自动化和计算机技术的发展，20 世纪 60 年代机器人开始进入批量生产和实际应用的阶段。后来由于自动装配、海洋开发、空间探索等实际问题的需要，对机器的智能水平提出了更高的要求。特别是危险环境以及人们难以胜任的场合更迫切需要机器人，从而推动了智能机器的研究。在科学研究上，机器人为人工智能提供了一个综合实验场所，它可以全面地检查人工智能各个领域的技术，并探索这些技术之间的关系。可以说机器人是人工智能技术的全面体现和综合运用。

六、自然语言处理

自然语言处理又称自然语言理解，就是计算机理解人类的自然语言，如汉语、英语等，并包括口头语言和文字语言两种形式。它采用人工智能的理论和技术将设定的自然语言机理用计算机程序表达出来，构造能理解自然语言的系统，通常分为书面语的理解、口语的理解、手写文字的识别三种情况。

自然语言理解的标志如下：

①计算机能成功地回答输入语料中的有关问题。

②在接受一批语料后，有对此给出摘要的能力。

③计算机能用不同的词语复述所输入的语料。

④有把一种语言转换成另一种语言的能力，即机器翻译功能。

七、人工神经网络

人工神经网络就是由简单单元组成的广泛并行互联的网络。其原理是根据人脑的生理结构和工作机理，实现计算机的智能。

人工神经网络是人工智能中发展较快的交叉学科。它采用物理上可实现的器件或现有的计算机来模拟生物神经网络的某些结构与功能，并反过来用于工程或其他领域。人工神经网络的着眼点不是用物理器件去完整地复制生物体的神经细胞网络，而是抽取其主要结构特点，建立简单可行且能实现人们所期望功能的模型。人工神经网络由很多处理单元有机地连接起来，进行并行的工作。人工神经网络的最大特点是具有学习功能。通常的应用是先用已知数据训练人工神经网络，然后用训练好的网络完成操作。

人工神经网络也许永远无法代替人脑，但它能帮助人类扩展对外部世界的认识和智能控制。人的大脑神经系统十分复杂,可实现的学习、推理功能是人造计算机所不可比拟的。但是,人的大脑在记忆大量数据和高速、复杂的运算方面却远远比不上计算机。以模仿大脑为宗旨的人工神经网络模型,配以高速电子计算机,把人和机器的优势结合起来,将有着非常广泛的应用前景。

八、问题求解

问题求解是指通过搜索的方法寻找问题求解操作的一个合适序列,以满足问题的要求。这里的问题主要指那些没有算法解,或虽有算法解但在现有机器上无法实施或无法完成的困难问题,例如路径规划、运输调度、电力调度、地质分析、测量数据解释、天气预报、市场预测、股市分析、疾病诊断、故障诊断、军事指挥、机器人行动规划、机器博弈等。

九、机器学习

机器学习就是机器自己获取知识。如果一个系统能够通过执行某种过程而改变它的性能,那么这个系统就具有学习的能力。机器学习是研究怎样使用计算机模拟或实现人类学习活动的一门科学。具体来讲,机器学习主要有下列三层意思:

①对人类已有知识的获取(这类似于人类的书本知识学习)。

②对客观规律的发现(这类似于人类的科学发现)。

③对自身行为的修正(这类似于人类的技能训练和对环境的适应)。

十、基于 Agent 的人工智能

基于 Agent 的人工智能是一种基于感知行为模型的研究途径和方法,我们称其为行为模拟法。这种方法通过模拟人在控制过程中的智能活动和行为特性,如自寻优、自适应、自学习、自组织等,来研究和实现人工智能。

第三节　智能信息处理技术

人工智能可分为两大类,即符号智能和计算智能。符号智能(传统人工智能)的主要目标是应用符号逻辑的方法模拟人的问题求解、推理、学习等方面的能力。计算智能是以数据为基础,以生物进化的观点认识和模拟智能,其主要方法有人工神经网络、进化计算、模拟退火等。通常将基于符号处理的传统人工智能称为符号智能,它主要研究基于知识的智能,从原理来说包括三个方面,即知识表示、知识利用和知识获取。符号智能从应用角度可分为专家系统、模式识别、自然语言处理和智能机器人等。符号智能的特点是以知识为基础,偏重逻辑推理,而计算智能则是以数据为基础,偏重数值计算,一般认为计算智能包含神经网络、

模糊系统和进化计算三个主要方面。计算智能从广义上来讲就是用计算机模拟和再现人类的某些智能行为。

传统的人工智能是符号主义，它以 Newell 和 Simon 提出的物理符号系统假设为基础。物理符号系统假设认为物理符号系统是智能行为充分和必要的条件，其主要工作是通用问题求解程序(General Problem Solver，GPS)：通过抽象，将一个现实系统变成一个符号系统，基于此符号系统，使用动态搜索方法求解问题。而计算智能则以生物进化观点认识和模拟智能，以数据为基础，通过训练建立联系而进行问题求解。

第一个对计算智能定义是由贝兹德克于 1992 年提出的。他认为，从严格的意义上讲，计算智能取决于制造者提供的数值，而不依赖于知识；另一方面，人工智能则应用知识精品。他认为，人工神经网络应当称为计算神经网络。

若一个智能计算系统以非数值方式加上知识精品值，即成为人工智能系统。这里所讲的是广义的人工智能理论，既包含基于符号推理的经典人工智能，也包含基于结构演化的计算智能，还包含模式识别等其他智能理论。

一、模糊理论

查德(L. A. Zadeh)于 1965 年首先提出模糊集的概念。L. A. Zadeh 是在仔细研究计算机与人在处理问题的差别上，提出模糊集概念的。这个概念试图用连续变量量测对象(元素)在某类集合中的占有程度，而不像传统集合那样，只有属于或不属于两种状态。模糊集的思想反映了现实世界所存在的客观不确定性与人们在认识中出现的不确定性，为刻画现实世界的模糊现象奠定了令人鼓舞的理论基础。模糊集合论并非提倡模糊思维，也没有必要将现有的理论模糊化，或者说从本质上去实现不精确的内涵。相反，它是一种精辟的学说。模糊集合的模糊性是针对在所划分的类别与类别之间无明显的隶属到不隶属的转折。事实上，客观世界的绝大多数事物，说它们居于某一类或不同于某一类都不存在明显的分界线。

(一)模糊逻辑推理

为了进行模糊逻辑推理，用机器来模仿人的思维、推理和判断，那就必须引入语言变量。L. A. Zadeh 在 1975 年提出了语言变量的概念，语言变量实际上是一种模糊变量，它用词句而不是用数字来表示变量的值，引进了语言变量后，就构成模糊语言逻辑。

在用传统二值逻辑推理时，只要大前提或者推理规则是正确的，小前提是肯定的，那么就一定会得到确定的结论。然而在现实生活中，人们常常获得的信息往往是不精确的、不完全的，或者事实本身就是模糊而不完全确定的，但必须利用这些信息进行判断和决策。传统的二值逻辑推理在这里是无法应用的。通常把基于不精确的、不绝对可靠的或不完全的信息基础上的推理称为不确定性推理。目前这种不确定性推理的理论和方法正在发展中，模糊逻辑推理是其中的一种。

模糊推理方法以模糊判断为前提，采用模糊语言规则，推导出一个近似的模糊判断结论。在模糊逻辑与近似推理中，有两种重要的模糊蕴含推理规则：广义前向推理法和广义向后推理法。

（二）解模糊判决方法

通过模糊推理得到的结果是一个模糊集合或者隶属函数，但在实际使用中，特别是在模糊逻辑控制中，必须要用一个确定的值才能去控制伺服机构。在推理得到的模糊集合中取一个相对最能代表这个模糊集合的单值的过程就称为解模糊判决，也称反模糊化。解模糊判决可以采用不同的方法，所得到的结果也是不同的。理论上用重心法比较合理，但计算比较复杂。

二、人工神经网络

古今中外，许多科学家为了揭开大脑机能的奥秘，从不同角度进行了长期的不懈努力和探索，逐渐形成了一个多学科交叉的前沿技术领域——人工神经网络（Artificial Neural Network，ANN），简称神经网络（NN）。

（一）人工神经元的模型

人工神经元是人工神经网络的基本处理单元，它一般是一个多输入/单输出的非线性元件。神经元输出除受输入信号的影响外，同时也受到神经元内部其他因素的影响，所以在人工神经元的建模中，常常还加有一个额外输入信号，称为偏差，有时也称阈值或门限值。

激活函数（Activation Transfer Function）是一个神经元及网络的核心。网络解决问题的能力与功效除了与网络结构有关，在很大程度上取决于网络所采用的激活函数。

激活函数的基本作用：控制输入对输出的激活作用；对输入、输出进行函数转换；将可能无限域的输入变换成指定的有限范围内的输出。

（二）神经网络模型结构

将两个或更多的简单神经元并联起来，使每个神经元具有相同的输入矢量，即可组成一个神经元层。将两个以上的单层神经网络级联起来则组成多层神经网络。一个人工网络可以有许多层，每层都有一个权矩阵、一个偏差矢量和一个输出矢量。

根据连接方式，神经网络常分成两大类，即没有反馈的前向神经网络和反馈神经网络。前向神经网络由输入层、一层或多层的隐含层和输出层组成，每一层的神经元只接受前一层神经元的输出。而反馈神经网络中任意两个神经元之间都可能有连接，因此，输入信号要在神经元之间反复传递，从某一初始状态开始，经过若干次的变化，渐渐趋于某一稳定状态或进入周期振荡等其他状态。前向神经网络例子有多层感知器、小脑模型连接控制网络（CMAC）等；反馈神经网络代表性模型有 Hopfield 网络、Elmman 网络和 Jordan 网络等。

(三)神经网络的两大类学习方法

神经网络的学习方法有两大类,即有教师学习和无教师学习。对于有教师学习,神经网络的输出和希望的输出进行比较,然后根据两者之间的差的函数(如差的平方和)来调整网络的权值,最终使其函数达到最小。对于无教师学习,当输入的样本模式进入神经网络后,网络按照预先设定的规则(如竞争规则)自动调整权值,使网络最终具有模式分类等功能。

常见的无教师学习方法是 Hebb 学习规则,它源于 Hebb 的关于生物神经元的学习假设:当两个神经元同时处于兴奋状态时,它们之间的连接应当加强。

(四)反向传播网络及其学习算法

反向传播(Back Propagation,BP)网络是目前研究最多的神经网络模型之一。它是一个单向传播的多层前向神经网络,包含输入层、隐层及输出层。隐层可以为一层或多层,只在相邻层结点间才有连接关系,而同层结点间没有任何连接。在正向传播过程中,输入信息从输入层传到隐层,最后传到输出层。若输出层得不到期望的输出,则转入误差反向传播,通过修改各层神经元连接权值,使输出误差减小。

BP 算法是最重要的一种用于多层前向神经网络的反向学习算法,它的基本思想是对网络的连接权进行不断调整,使得对任意的输入信号都可以在输出端获得期望值。其主要步骤如下:①将所有权值和阈值初始化为一个比较小的随机数;②从训练集中取一样本进行训练,施加输入信号于网络;③从输入层开始向后逐层前向计算各层输出,求出最终输出;④计算网络的实际输出与期望输出的误差;⑤从输出层向前逐层反向计算,传播误差信号,修改权值,直到误差小于给定值;⑥对于训练集中的每一样本重复上述步骤,直到全部训练集的误差达到要求为止。

BP 算法实质上是把一组样本输入输出问题转化为一个非线性优化问题,并通过梯度算法利用迭代运算求解权值问题的一种学习方法。已证明,带隐层的 BP 神经网络具有逼近任意非线性函数的能力。但 BP 算法本身存在一些问题,如存在局部极小点和收敛速度慢等。针对 BP 算法的缺点,许多研究者提出了不少的改进方案,如变学习率法、附加动量法、递推预报误差算法等。

(五)反馈神经网络

Hopfield 神经网络是最典型的反馈神经网络(Feedback Neural Network)。在反馈神经网络中,输入数据决定反馈系统的初始状态,然后系统经过一系列状态转移后,逐渐收敛于平衡状态。这样的平衡状态就是反馈神经网络经计算后的输出结果。因此,稳定性是反馈神经网络的最重要的问题之一。若能找到网络的 Lyapunov 函数,则能保证网络从任意的初始状态收敛到局部极小点。因此,Hopfield 神经网络常被用于组合优化问题。

三、进化计算

近年来随着人工智能领域的不断扩大,传统的基于符号处理机制的人工智能方法在知识表示、信息处理和解决组合爆炸等方面所遇到的困难越来越明显,从而使得寻求一种适合于大规模问题并具有自组织、自适应和自学习能力的算法成为有关学科的一个研究目标。大自然为我们解决各种问题提供了灵感。进化计算是模仿自然界物竞天择、适者生存的进化机制来进行信息处理的技术。其基本思想是把问题求解归结为适应度函数的寻优过程,通过生成解的种群,对种群中的解的结构进行遗传、变异、评价、选择等操作以生成新一代种群,如此循环迭代,使整个种群中的解不断向最优解逼近。

对生物进化机制的研究产生了三种典型的进化计算模型,即遗传算法(Genetic Algorithms,GA)、进化策略(Evolution Strategy,ES)及进化规划(Evolutionary Programming,EP)。这些方法的差异在于基因结构表达方式的不同以及对交叉与变异作用的侧重点不同。

遗传算法、进化策略和进化规划都是模拟生物界自然进化过程而建立的鲁棒性计算机算法。发现它们有许多相似之处,同时也存在较大的差别。进化策略和进化规划都把变异作为主要搜索算子,而在标准的遗传算法中,变异只处于次要位置。交叉在遗传算法中起着重要作用,而在进化规划中却被完全省去,在进化策略中与自适应结合使用,起了很重要的作用。标准遗传算法和进化规划都强调随机选择机制的重要性,而从进化策略的角度看,选择(复制)是完全确定的。进化策略和进化规划确定把某些个体排除在被选择(复制)之外,而标准遗传算法一般都对每个个体指定一个非零的选择概率。近些年来这些方法不断相互交流,使它们之间的区别正逐步缩小,在总体的含义上统称它们为进化计算。

(一)遗传算法

GA类似于自然进化,通过作用于染色体上的基因寻找好的染色体来求解问题。与自然界相似,遗传算法对求解问题的本身一无所知,它所需要的仅是对算法所产生的每个染色体进行评价,并基于适应值来选择染色体,使适应性好的染色体有更多的繁殖机会。在遗传算法中,通过随机方式产生若干个所求解问题的数字编码,即染色体,形成初始群体;通过适应度函数给每个个体一个数值评价,淘汰低适应度的个体,选择高适应度的个体参加遗传操作,经过遗传操作后的个体集合形成下一代新的种群,对这个新种群进行下一轮进化。这就是GA的基本原理。GA算法流程如下:①初始化群体;②计算群体上每个个体的适应度值;③按由个体适应度值所决定的某个规则选择将进入下一代的个体;④交叉运算;⑤变异运算;⑥没有满足某种停止条件,则转第②步,否则进入下一步;⑦输出种群中适应度值最优的染色体作为问题的满意解或最优解。

GA是基于适者生存的一种高度并行、随机和自适应的优化算法,它将问题的求解表示成染色体的适者生存过程,通过染色体群的一代代不断进化,包括复制、交叉和变异等操作,最终收敛到最适应环境的个体,从而求得问题的最优解或者满意解。

根据编码方式的不同,GA主要可分为二进制型、序列型和浮点型等三种,分别适用于不同类型的具体工程优化问题。在大多数情况下，不同的编码方式就对应于不同的遗传操作方式。下面以 Holland 的遗传算法为主要讨论对象，结合旅行商问题(Travelling Salesman Problem，TSP)介绍 GA 实施的主要步骤。

1. 编码

将问题结构变换为位串形式编码表示的过程称为编码；相反，将位串形式编码表示变换为原问题结构的过程称为译码或解码。而把位串形式编码表示称为染色体，有时也称个体。

编码的主要任务是建立解空间与染色体空间点的一一对应关系。遗传算法通常在染色体空间中进行操作。在多数情况下，不同的编码方式决定了不同的遗传操作方式。对编码的一般原则性要求主要有完备性、健全性和非冗余性。完备性是指解空间中的所有点都能表示为染色体空间中的点；健全性是指染色体空间中的所有点都能表示为解空间中的点；非冗余性是指解空间到染色体空间的一一对应。

2. 群体初始化

与传统优化方法相比，遗传算法一个显著的特点是对群体操作，所以在进化的开始必须进行群体初始化，产生进化的起点群体。通常随机构造初始群体，当然也可以在初始群体中植入一些具有特殊“性状”的个体，以加速算法向全局最优解的收敛。

种群的染色体总数称为种群规模，它对算法的效率有明显的影响，规模太小不利于进化，而规模太大将导致程序运行时间长。对不同的问题可能有各自适合的种群规模，通常种群规模为 30～100。

3. 遗传操作

简单遗传算法的遗传操作主要有三种，即选择(Selection)、交叉(Crossover)及变异(Mutation)。改进的遗传算法大量扩充了遗传操作，以达到更高的效率。

选择操作也称复制操作，根据个体的适应度函数值所度量的优劣程度决定它在下一代是被淘汰还是被遗传。一般地说，选择将使适应度较大(优良)个体有较大的存在机会，而适应度较小(低劣)的个体继续存在的机会也较小，体现了适者生存，不适者被淘汰的生物进化机理。最常用的选择方式是赌轮选择、联赛选择和排序选择的两个体。

变异操作的简单方式是改变数码串的某个位置上的数码。变异首先在群体中随机地选择一个个体，对于选中的个体以一定的概率随机地改变串结构数据中某个串的值。

杂交与变异是最常用的遗传操作，杂交体现了同一群体中不同个体之间的信息交换，而变异则能维系群体中信息的多样性。它们在优化中的主要作用是以不同的方式不断产生新的个体。遗传操作被视为遗传算法的核心。它直接影响和决定了遗传算法的优化能力，是生物进化机理在遗传算法中最主要的体现。一般在程序设计中交叉发生的概率要比变异发生的概率选取得大若干个数量级，交叉概率取 0.6～0.95 之间的值；变异概率取 0.001～0.01 之间的值。

4.评价

评价是遗传算法的驱动力，是遗传算法体现有向搜索，区别于随机游荡的标志。它将同一群体中不同个体的优劣进行数值标量化，为选择操作提供客观依据。遗传算法评价准则的确定主要依赖于要求解的问题。

为了体现染色体的适应能力，引入了对问题中的每一个染色体都能进行度量的函数，称为适应度函数。通过适应度函数来决定染色体的优劣程度，它体现了自然进化中的优胜劣汰原则。对于优化问题，适应度函数就是目标函数。

适应度函数要有效地反映每一个染色体与问题的最优解染色体之间的差距，一个染色体与问题的最优解染色体之间的差距小，则对应的适应度函数值之差就小，否则就大。适应度函数的大小与求解问题对象的意义有很大的关系。

5.终止判定

如果说初始化是遗传算法的入口，终止判定则是它的出口。程序的停止条件最简单的有如下两种：完成了预先给定的进化代数则停止；种群中的最优个体在连续若干代没有改进或平均适应度在连续若干代基本没有改进时停止。

GA 是一种通用的优化算法，其编码技术和遗传操作比较简单，优化不受限制性条件的制约，而且其两个最显著的特点是并行性和全局空间搜索。目前，随着计算机技术的不断发展，GA 越来越受到人们的重视，并在机器学习、模式识别、图像处理、神经网络、优化控制、组合优化、VLSI 设计、遗传学等领域得到了成功的应用。在实际应用过程上，GA 进一步得到发展和完善。如 1992 年斯坦福大学的 Koza 提出了遗传编程（Genetic Programming，GP）。

（二）进化策略

进化策略是于 20 世纪 60 年代由德国的 Schwefel 和 Rechenberg 在研究流体动力学中的弯管形态优化过程时，共同开发出的一种适合于实数变量的、模拟生物进化的一种优化算法。其优化能力主要依靠变异算子的作用，后来受遗传算法的启迪，也引入了杂交算子，不过，杂交是进化策略的辅助算子。

（三）进化规划

进化规划也是在 20 世纪 60 年代由美国的 L. J. Fogel 等为求解预测问题而提出的一种有限状态机进化模型，在这个进化模型中，机器的状态基于均匀随机分布的规律来进行变异。20 世纪 90 年代，D. B. Fogel 又将其思想拓展到实数空间，使其能够用来求解实数空间中的优化问题，并在其变异中引入正态分布技术。

它与进化策略有许多相似之处。个体的表示同进化策略，不同之处在于它不用杂交算子，变异与选择方式也与进化策略不同。

进化规划的过程，可理解为从所有可能的计算机程序形成的空间中，搜索具有高的适应度的计算机程序个体。在进化规划中,可能有几百或几千个计算机程序参与遗传进化。

进化规划最初由一随机产生的计算机程序群体开始,这些计算机程序由适合于问题空间领域的函数所组成,这样的函数可以是标准的算术运算函数、标准的编程操作、逻辑函数或由领域指定的函数。群体中每个计算机程序个体是用适应度来评价的,该适应值与特定的问题领域有关。

进化规划可繁殖出新的计算机程序以解决问题,它分为以下三个步骤:

①产生出初始群体,它由关于问题(计算机程序)的函数随机组合而成。

②迭代完成下述子步骤,直至满足这种标准为止:a.执行群体中的每个程序,根据它解决问题的能力,给它指定一个适应值;b.应用变异等操作创造新的计算机程序群体。

③在后代中适应值最高的计算机程序个体被指定为进化规划的结果。

四、模拟退火算法

模拟退火算法来源于固体退火原理,将固体加温至充分高,再让其徐徐冷却,加温时,固体内部粒子随温升变为无序状,内能增大,而徐徐冷却时粒子渐趋有序,在每个温度都达到平衡态,最后在常温时达到基态,内能减为最小。

(一)模拟退火算法的模型

模拟退火算法可以分解为解空间、目标函数和初始解三部分。

模拟退火算法新解的产生和接受可分为如下四个步骤:

①由一个产生函数从当前解产生一个位于解空间的新解,为便于后续的计算和接受,减少算法耗时,通常选择由当前新解经过简单的变换即可产生新解的方法,如对构成新解的全部或部分元素进行置换、互换等,注意到产生新解的变换方法决定了当前新解的邻域结构,因而对冷却进度表的选取有一定的影响。

②计算与新解所对应的目标函数差。因为目标函数差仅由变换部分产生,所以目标函数差的计算最好按增量计算。事实表明,对大多数应用而言,这是计算目标函数差的最快方法。

③判断新解是否被接受,判断的依据是一个接受准则。

④当新解被确定接受时,用新解代替当前解,这时只需将当前解中对应于产生新解时的变换部分予以实现,同时修正目标函数值即可。此时,当前解实现了一次迭代。可在此基础上开始下一轮试验。而当新解被判定为舍弃时,则在原当前解的基础上继续下一轮试验。

模拟退火算法与初始值无关,算法求得的解与初始解状态(是算法迭代的起点)无关;模拟退火算法具有渐近收敛性,已在理论上被证明是一种以概率1收敛于全局最优解的全局优化算法;模拟退火算法具有并行性。

(二)模拟退火算法的参数控制问题

模拟退火算法的应用很广泛,可以求解NP完全问题,但其参数难以控制,其主要问题有以下三点。

1. 温度的初始值设置问题

温度的初始值设置是影响模拟退火算法全局搜索性能的重要因素之一,初始温度高,则搜索到全局最优解的可能性大,但因此要花费大量的计算时间;反之,则可节省计算时间,但全局搜索性能可能受到影响。实际应用过程中,初始温度一般需要依据实验结果进行若干次调整。

2. 退火速度问题

模拟退火算法的全局搜索性能也与退火速度密切相关。一般来说,同一温度下的"充分"搜索(退火)是相当必要的,但这需要计算时间。实际应用中,要针对具体问题的性质和特征设置合理的退火平衡条件。

3. 温度管理问题

温度管理问题也是模拟退火算法难以处理的问题之一。

五、知识表示

知识表示是建立专家系统及各种知识系统的重要环节,也是知识工程的一个重要方面。经过多年的探索,现在已经提出了不少的知识表示方法,诸如一阶谓词逻辑、产生式规则、框架、语义网络、对象、脚本、过程等。这些表示法都是显式地表示知识,也称知识的局部表示。另外,利用神经网络也可表示知识,这种表示是隐式地表示知识,也称知识的分布表示。

随着知识系统复杂性的不断增加,人们发现单一的知识表示方法已不能满足需要,于是又提出了混合知识表示。另外,还有所谓的不确定或不精确知识的表示问题。所以,知识表示目前仍是人工智能、知识工程中的一个重要研究课题。

(一)一阶谓词逻辑表示法

一阶谓词逻辑表示法是最早使用的一种知识表示方法,具有简单、自然、精确、灵活、模块化的优点,它的推理系统采用归结原理。这种推理方法严格、完备、通用,在自动定理证明等应用中取得了很大的成功。它的缺点是难于表达过程性知识和启发性知识,不易组织推理,推理方法在事实较多时易于产生组合爆炸,且不易实现非单调和不精确的推理。

在谓词逻辑中,命题是用谓词表示的。一个谓词可分为谓词名和个体两个部分,个体表示某个独立存在的事物或者某个抽象的概念,谓词名用于刻画个体的性质、状态或个体间的关系。

在谓词逻辑中,可以用连词来连接若干个谓词组成一个谓词公式,同时还可以引入量词来刻画谓词与个体之间的关系。

谓词逻辑适合于表示事物的状态、属性、概念等事实性的知识,也可以用来表示事物间确定的因果关系,即规则。

(二)产生式规则

产生式系统是人工智能中经常采用的一种计算系统,它的基本要求包括综合数据库、产生式规则和控制机构。

综合数据库是产生式系统所使用的主要数据结构,用来描述问题的状态。在问题求解中,它记录了已知的事实、推理的中间结果和最终结论。

产生式规则的作用是对综合数据库进行操作,使综合数据库发生变化。

产生式系统问题求解的一般步骤如下:

①初始化综合数据库把问题求解的初始已知事实送入综合数据库。

②若规则库中存在尚未使用过的规则,该规则的前件可与综合数据库中的已知事实匹配,则转步骤③;若综合数据库中不存在匹配所需要的事实,则转步骤⑤。

③执行当前选中的规则,对该规则做上使用标记,把该规则后件的结论送入综合数据库中。若该规则后件是操作,则执行这些操作。

④检查综合数据库中是否已包含了问题的解,若已包含,则终止问题的求解过程;否则转步骤②。

⑤要求用户提供关于问题的其他已知事实,若提供了新的事实,则转步骤②,否则终止问题的求解过程。

⑥若规则库中不再有未使用过的规则,则终止问题的求解过程。

需要指出的是,问题求解的过程与推理的控制策略有关,上述步骤只是针对正向推理方式给出的一般步骤,未涉及一些细节,如冲突消除、不确定性的处理等。

采用产生式规则表达知识具有以下优点:在一些特殊情况下使用的规则可被自动解释,并对用户透明;研制者和用户可在不中断全系统运行的情况下修改一些规则;把新知识加入系统,只需简单地增加一些新的规则,不必考虑它们与系统如何适应,这是一个基本要求,可以把系统设计成能获得(或学到)新知识或既往经验。

尽管产生式规则有足够的表达能力来表示与领域有关的所有有用的推理规则和行为的规范说明,但它们在许多场合作为一种知识表示机制显得不够完善。特别是,它们不能有效地描述对象以及一些静态关系,而描述这些最为有效的是框架。事实上,实际中使用最为成功的表示方法是将两者(框架和产生式规则)优点结合起来的混合表示机制。

(三)语义网表示法

一个语义网定义为由结点和弧组成,其中结点表示事实、概念或事件等,弧表示结点间的关系。它所表示的知识主要是关系知识。

结点可以是常量、变量或者用函数符号构成的项。弧可以是表示条件和结论,并能够组合成类别,这样的图称为扩展语义网络。用语义网表示知识的最大优点是可把各种事物有机地联系在一起,体现了联想思维的过程。语义网表达知识的主要问题之一是如何处理量化，解决这个问题的一种方法是把语义网划分为一组多层空间，其中每层空间都与一个或多个变量的辖域相对应。

语义网络的推理主要包括网络匹配、继承推理和网络演绎三个方面，推理过程如下：①把待求解的问题构造为一个问题网络片断，其中有结点或弧的标识是空的，反待求解的问题；②在语言义网络知识库搜寻可与网络片断匹配的网络片断，在搜寻过程中，可根据需要进行继承推理和网络演绎；③当问题网络片断与知识库中的某语义网络片断匹配时，则由此可匹配的语义网络片断得到问题的解。

（四）框架表示法

框架(Frame)是描述对象属性的一种数据结构，它通常由若干槽组成，每个槽可根据实际需要拥有若干个侧面，而每个侧面又可以拥有若干个值。槽和侧面所具有的属性值分别称为槽值和侧面值。

对于大多数问题，不能只用一个框架来表示，必须同时使用许多框架，组成一个框架系统。由于框架中的槽值或侧面值都可以是另一框架的框架名，因此可以通过一个框架找到另一个框架。共处于某一环境中的若干对象会有某些共同的属性，在对这些对象进行描述时，可以把它们具有的共同属性抽取出来，构成一个上层框架，然后再对各类对象独有的属性分别构成若干个下层框架。下层框架可以继承上层框架的属性和值，这样就可把一组有上下关系的框架组成具有层次结构的框架网络。

所谓框架的继承性，就是子结点的某些槽值或侧面值没有赋值时，可以直接从其父结点继承这些值。继承性是框架表示法的一个重要特性，它不仅可以在相邻的上、下两层框架之间实现继承，而且可以从最低层追溯到最高层，使高层框架的描述信息逐层向低层框架传递。

如建立如下的＜教职工＞和＜教师＞框架：

框架名：＜教职工＞

姓名：单位（姓，名）

性别：范围（男，女）

缺省：男

工作类别：范围（教师，干部，工人）

缺省：教师

学历：范围（中专以下，大专，本科，研究生）

缺省：研究生

框架名：＜教师＞

继承：＜教职工＞

部门：单位（院系，机关，附属单位）

职称：范围（教授，副教授，讲师，助教，其他）

缺省：副教授

如果某教师的实例框架为：

框架名：＜教师1＞

ISA：＜教师＞

姓名：李四

部门：管理工程系

那么由继承性可知，李四的性别为“男”，工作类别为“教师”，学历为“研究生”，职称为“副教授”。

ISA槽的含义是“是一个”“是一只”，表示子结点与父结点关系，即＜教师1＞是＜教师＞的一个特例，也就是说，＜教师1＞可继承父框架＜教师＞的槽及槽值，而＜教师＞又继承父框架＜教职工＞的槽及槽值，从而使＜教师1＞可继承＜教师＞和＜教职＞框架的槽及槽值。除了ISA槽外，其他常用的槽名还有AKO、Subclass、Part－of，分别表示“是一种”、子类与类之间的类属关系、部分与全体关系。

在用框架表示知识的系统中，推理主要是通过匹配与填槽来实现的。首先把要求解的问题用一个称为问题框架的框架表示出来，然后把初始问题框架与知识库中已有的框架进行匹配。框架的匹配是把两个框架相应的槽名及槽值逐个进行比较，如果两个框架的各对应槽没有矛盾或满足预先规定的某些条件，就认为这个框架可以匹配。按照一定的搜索策略，在不断地寻找可匹配的框架并进行填槽的过程中，如果找到合适的框架，得到问题的解就成功结束，如果找不到合适框架就终止搜索。

（五）人工神经网络的知识表示

人工神经网络的知识表示采用隐式表示方法，与传统人工智能系统（如谓词逻辑、产生式、框架、语义网络等）中知识表示所用的显式表示方法完全不同，它以分布方式表示信息，也就是用若干个结点，每两个结点间可以连接起来的网络表示信息，以往用以表示知识的语义网络是一个结点与一个概念对应，而人工神经网络是以结点的一种分布模式以及加权量的大小与一个概念对应。这样即使某个结点上的信息属性发生了畸变与失真，也不至于使网络所表达的概念的属性产生重大的变化。

神经网络以隐式表示知识，这种知识不是通过人的加工转换成规则，而是通过学习算法自动获取的。由前所述介绍的神经网络可知，它是将某一问题的知识表示在同一网络中，并通过网络的计算来实现推理的。

除了上述介绍知识表示方法外，还有其他多种知识表示方法，如状态空间法、与/或树表示、面向对象表示法和剧本表示法等。

第六章　人工智能在城市建设中的应用

加强社会建设是社会和谐稳定的重要保证。推进教育信息化、医疗卫生信息化、社区信息化、家庭信息化、旅游信息化等社会事业信息化，从数字化、信息化阶段向智能化阶段迈进，构建智慧社会，有利于更好地满足人们日益增长的物质、文化生活需求，保障和改善民生，使城市的广大居民过上更加幸福安康的生活。

第一节　智慧教育与智慧医疗

一、智慧教育

教育是民族振兴和社会进步的基石。以教育信息化带动教育现代化，破解制约我国教育发展的难题，促进教育的创新与变革，是加快从教育大国向教育强国转变的必然要求。随着物联网、云计算、移动互联网等新一代信息技术的飞速发展，教育信息化开始步入智慧教育时代。智慧教育是指通过应用新一代信息技术，促进优质教育信息资源共享，提高教育质量和教育水平。简单地说，智慧教育就是指教育行业的智能化，是教育信息化发展的高级阶段。

（一）主要特征

与传统教育信息化相比，智慧教育具有集成化、自由化和体验化三个特点。

1. 集成化

老师在课堂教学过程中，可以集成多种信息资源，使用多种课件和教学软件，使课堂教学更加生动有趣。例如，在数学教学过程中，当讲到某个定理时，可以即时显示发现该定理的数学家的一些情况；在物理教学过程中，可以用一些物理教学软件模拟物理实验过程；在化学教学过程中，可以用一些化学教学软件模拟化学反应过程；在地理教学过程中，可以用Google Earth 查找地形地貌、实景照片等；在历史教学过程中，讲到某个历史事件，就可以播放该历史事件的相关视频资料，显示历史人物的基本情况。

2. 自由化

在智慧教育时代，学生和普通大众通过移动互联网，可以利用移动智能终端随时随地、随心所欲地学习。课本不再是纸质的，而是电子书。学生背负的沉重书包将被电子书包代替。学习场所不再局限于课堂，学习内容不再受老师讲授内容的限制。这样，终身教育体系才能真正实现。此外，通过采用智能化技术，使电子学习转变为移动学习。电子学习系统可以根据学生的学习兴趣、学习能力、学习时间等制订不同的学习计划，生成个性化的学习资料。

3.体验化

随着虚拟现实技术和3D技术的发展，可用计算机生成一个虚拟现实的学习环境，使学生更直观地理解教学内容。例如，当讲授到北京故宫时，可以让学生通过北京故宫虚拟旅游软件做一次虚拟的旅行，增加学生对北京故宫的直观感受；当讲授到某物理或化学定理时，可以让学生做模拟试验，既可以避免有些试验的危险性，又可以减少试验成本；当讲授天文知识时，可以让学生做一次虚拟的星空旅行，观察一些宇宙现象。

(二)体系框架

教育行业涉及教育主管部门、学校、老师、学生等。相应地，智慧教育包括智慧政府、智慧学校和智慧师生三大部分。

1.智慧政府

在智慧教育中，智慧政府是指智慧的教育主管部门，如教育部、教育厅、教育局等。教育主管部门通过实施智慧教育工程，提高教育管理和公共服务的智能化水平，支撑教育管理改革。例如，建设智能化的办公自动化(OA)系统、智能化的教育管理和服务系统，为学校办理各项业务提供一站式服务；建立国家教育云服务平台，可实现优质数字教育资源的共建共享。

2.智慧学校

智慧学校是指在校园管理和服务师生方面提高自动化、智能化水平，包括无线校园、智慧教室、智慧图书馆、智慧实验室等方面的内容。例如，通过建立无线校园，使教职工和学生可以随时随地上网。提高学校各类管理信息系统的智能化水平，对教师和学生进行从入校到离校的全生命周期管理，减少重复输入，提供一站式、个性化服务。

通过建设智慧教室，在电子黑板上实现文字、图片、视频、音频、软件等各种类型教学资料的集成展示，提高教学的生动性，避免以前擦黑板的麻烦。通过建设“智慧图书馆”，根据师生的阅读兴趣、研究方向等提供个性化服务，方便师生检索、阅读各类图书和文献资料。通过建设“智慧实验室”，实现相关设备的联网应用，对实验室环境和仪器设备的运行情况进行在线监测。

3.智慧师生

智慧教育是增强教师教学能力和学生学习能力的重要手段。在智慧教育中，智慧师生是指信息化装备精良的教师和学生。利用智能手机、平板电脑等智能移动终端，学生可以存储大量电子化的学习资料，包括教学视频、音频、图片、PPT课件、电子书、论文等；可以根据需要随时随地下载电子化的学习资料，灵活安排时间学习。

(三)新一代信息技术在智慧教育中的应用

1. 物联网技术

在智慧教育中,物联网技术在电化教育、校园一卡通、校园安防等方面有着广阔的应用前景。例如,在电化教室,可以将老师自带电脑、手机中的资料通过无线网络传到教学主机上进行显示;采用 RFID 技术的校园卡,学生可以很方便地刷卡进入图书馆,或者通过刷卡在食堂吃饭,进行学籍注册等;建设采用基于物联网的校园周界安防系统,可以更好地保障校园的安全。

2. 云计算技术

在智慧教育中,对于大学来说,云计算技术可以用于科研计算,发展电子学习,提升科研能力和科研水平。例如,用于天文观测、生物工程、高分子化学、高能物理、地球科学等领域的海量数据处理;对于中小学校来说,建设教育云服务平台,可实现优质教学资源的共建共享;云计算技术的应用使得欠发达地区、偏远地区无须像以前那样购买大量软硬件,就可以享受教育云服务平台里的优质教学资源,从而促进教育的区域平衡发展。

3. 移动互联网技术

在智慧教育中,移动互联网技术可以使学生随时随地进行学习,掌握学习的主动权。例如,浏览电子书、查看教学视频、收听教学音频等。通过移动互联网,学生可以随时随地与老师进行互动交流;开发教学 App(如掌中英语 App)供学生下载使用,可以丰富教学手段。随着移动智能终端存储能力的快速提高,可以存储的学习资料越来越多,人类将从电子学习时代进入移动学习时代。

4. 大数据技术

随着教育信息化的深入,教育部门和学校的数据量快速增长。在智慧教育中,采用大数据技术,对学校、老师、学生方面的数据进行挖掘、分析,发现隐藏在其中的教育、教学规律,可以使教育行政部门更好地服务于学校,学校行政部门更好地服务于师生。例如,通过分析学生的阅读偏好,可以发现学生的兴趣所在,并适当加以引导。

(四)发展对策

根据信息化发展趋势以及对教育信息化的调查研究和思考,可以把以下几个方面作为发展智慧教育的着力点。

1. 加快教育网络宽带化进程

目前,我国许多中小学带宽明显不足,而且网络设备老化现象比较严重。以上海浦东新区为例,平均每所学校互联网出口带宽不足 2 Mbps,绝大多数学校的接入带宽为 10 Mbps,只能应对带宽要求较低的一般应用,远不能满足区域内开展的教学视频点播、视频会议等涉及大量多媒体的应用要求。多媒体教学的普及、云服务模式的推行,都需要较高带宽。因此,应结合中国宽带计划,提高教育网络带宽水平,推进无线校园建设,为发展智慧教育奠定坚实的基础。

2. 推行教育资源云服务

作为一种新兴的计算模式，云计算技术将对教育信息化建设产生深远的影响。各地中小学应顺应云服务模式的发展，改变传统中小学机房分散建设的局面，以区县或地市为单位推进中小学机房大集中和数据大集中。基于教育云服务平台，推进优质教育信息资源共享，推进教育管理信息系统互联互通，实现教育信息共享和教育部门的业务协同目标。

3. 建设智慧校园，构建智能化的教学、学习环境

利用物联网建立校园周界安防系统、一键报警系统，提高校园的安全管理水平。开发智能化的业务应用系统，提高学生管理和教师管理的智能化水平，对学生进行从入学到离校的全生命周期管理和服务，对教职工进行从入职到离职的全生命周期管理和服务，减少数据重复输入，为老师、学生提供一站式、个性化服务；大力建设智慧教室、智慧图书馆、智慧实验室，提升教学效果，方便师生阅读，提高科研效率。

4. 大力发展移动学习和网络学习

随着5G、Web 3.0等移动互联网技术的发展以及移动智能终端的普及，移动学习正向网络学习发展，学生可以随时随地学习，掌握学习的主动权。例如，浏览电子书、查看教学视频、收听教学音频以及与老师进行互动交流。

二、智慧医疗

健康是促进人的全面发展的必然要求。医疗卫生信息化是我国医疗卫生事业发展的必然要求，是深化医改的迫切需要，是实现人人享有基本医疗卫生服务目标的重要手段。加快推进医疗卫生信息化，有利于提升医疗服务水平，降低医药费用，方便群众看病就医；有利于提升公共卫生服务水平，促进基本公共卫生服务均等化；有利于提升卫生管理和科学决策水平，推进卫生事业科学发展。

随着物联网、云计算、移动互联网、大数据等新一代信息技术的发展，医疗卫生行业信息化开始步入新的发展阶段—智慧医疗。智慧医疗是指通过应用新一代信息技术来提高医疗卫生管理和服务的智能化水平。

（一）主要特征

与传统医疗卫生行业信息化相比，智慧医疗具有以下特征。

1. 以患者为中心

在以前，医疗卫生行业信息化建设是以部门为中心的，即以各级卫生主管部门、各类医院为中心。患者的医疗信息分散在不同的医院，没有进行有效的整合，无法提供个性化的医疗卫生服务。而在智慧医疗中，医疗卫生行业信息化建设是以患者为中心的。通过电子病历建立患者医疗健康档案，不同医院之间可以共享患者信息。

2. 远程化

在以前，无论疾病类型、症状轻重程度，患者都必须亲自到医院就诊。而在智慧医疗时代，有些患者不必到医院就诊，而是采用电子设备（如电子血压计）探测血压、心率等，并发送到健康服务中心，再由专业医生进行分析，把诊断结果和治疗方案反馈给患者；患者付费后由物流企业把药品配送给患者。对于医疗卫生条件落后的偏远地区，通过远程医疗系统，也可以享受到大城市的医疗服务。

3. 自动化和智能化

在以前，许多化验、诊断等工作都需要医生来完成。在智慧医疗时代，随着医疗分析仪器设备的发展，许多化验、诊断等工作可以自动完成，医疗分析仪器设备会自动生成并打印出化验报告、诊断报告。植入患者体内的芯片会监测患者生理机能的各项参数，当参数超过一定阈值就自动给予安全警示。

（二）新一代信息技术在智慧医疗中的应用

1. 物联网技术

物联网技术在远程医疗、远程护理等方面有广阔的应用前景。例如，在患者体内植入生物芯片，芯片通过物联网把患者生理机能的各项参数发送到医院健康服务中心，由医生进行远程诊断。当患者生理参数出现异常时，即可通知患者来医院就医；当患者出现生命危险的情况时，即可通知急救中心派出急救车。

2. 云计算技术

经过前些年的信息化建设，卫生部拥有多个信息系统。这些系统可以移植到云计算平台，以方便互联互通和运行维护。云计算技术可以应用于区域医疗卫生信息平台建设，为当地居民提供综合的医疗卫生信息服务。对于中小医疗卫生机构来说，通过购买云计算运营商提供的云服务，就无须自行购买或开发软件，而只需支付一定的服务费。

3. 移动互联网技术

利用移动互联网技术，可以使医疗卫生行业信息化从电子卫生发展移动卫生，使人们可以随时随地获取医疗卫生、健康养生、疾病预防等方面的信息和知识，从而提高国民的卫生素养。患者可以通过手机进行预约挂号，减少排队等候时间。目前，北京儿童医院、协和医院等都推出了具有预约挂号功能的 App。卫生主管部门可以把疫情预警信息通过手机发给当地居民，以便及时做好防范准备。

有一款名为 iHealth 的 App，它可以测血压、心率；用户可以利用它查看历史记录，以图表化方式管理血压，显示测量平均值，并根据世界卫生组织血压判定标准用不同颜色显示血压是否正常。

今后，要鼓励医疗机构采用移动互联网技术，发展移动卫生。鼓励医疗机构开发 App，供患者免费下载、使用。医疗机构 App 应具备信息发布、预约挂号、在线支付、检验结果推送、远程诊断等功能，让患者及时了解医疗机构的基本情况和最新工作动态；通过智能手机、平板电脑等移动终端预约挂号，减少排队等候时间；应支持手机支付，减少患者来回跑和等候时间；患者可以通过移动终端第一时间知道医学检验或检查结果；患者可以通过在线咨询平台向医生咨询病情，离优质医疗资源较远的患者也可以享受优质医疗资源提供的诊断服务。

4. 大数据技术和人脸识别技术

经过前些年的信息化建设，卫生部门和医院积累了大量数据。采用大数据技术，对这些数据进行挖掘，发现其中一些规律和问题，可以改进卫生部门的政策措施，提高医院的医疗服务水平。例如，美国西雅图儿童医院使用 Tableau 数据可视化软件帮助医护人员减少医疗事故。

（三）智慧医院

智慧医院是指在医院管理和服务患者方面提高自动化、智能化水平。例如，布设无线网络，建立无线医院，方便医生和患者上网。利用物联网建立医院周界安防系统，提高医院安全管理水平。提高医院各类管理信息系统的智能化水平，对患者进行从第一次就医到最后一次就医的全生命周期管理，减少重复输入，提供一站式、个性化服务，提高患者的满意度。建设智慧门诊室、智慧病房、智慧手术室，提高诊断、治疗、护理、手术等过程的自动化和智能化水平。

在智慧医疗中，还应推进卫生部、卫生厅、卫生局等各级医疗主管部门的智慧化建设。卫生主管部门通过实施智慧卫生工程，提高卫生管理和公共服务的智能化水平，支撑卫生管理创新。

信息化对医疗卫生工作具有重要的支撑和保障作用，而深化医改为医疗卫生信息化发展提供了难得的机遇。医改方案明确提出把加强信息化建设作为深化医改的重要技术支撑，特别是当前医改已进入“深水区”，一些制约医疗卫生事业发展的体制机制问题和结构性问题日益凸显，所涉及的利益群体更加复杂。为此，我国卫生主管部门应加强政策引导，积极推进智慧医疗的发展，破解医改难题。

第二节　智慧社区与智慧家庭

一、智慧社区

社区就是在一定地域内发生社会活动和社会关系，有特定的生活方式并具有成员归属感的人群所组成的相对独立的社会生活共同体。在我国，典型的社区就是城市的小区和农村地区的村庄。

（一）内涵和特点

社区是城市的细胞。智慧社区是智慧城市的重要组成部分。智慧社区是指管理和服务智能化水平较高的社区。与传统社区相比，智慧社区具有如下特点。

1. 自动化

在智慧社区中，各类设施的自动化程度较高。例如，采用 RFID 技术的社区一卡通，在居民进出小区、单元门时，能够自动感应并开启大门；楼道灯具有红外感应功能，居民晚上上下楼时自动开启。

2. 集成化

在智慧社区中，相关设施之间可以相互通信，进行联动。例如，当传感器感知有人翻墙时，立即启动报警系统。与此同时，调转视频监控探头，视频监控探头具有人脸识别功能，自动将捕获的人脸图像发送到公安部门。

3. 智能化

在智慧社区中，信息系统的智能化程度较高。例如，在社区安防领域，社区门禁系统、视频监控系统可以识别人脸；在社区居民服务方面，可以根据某个居民的个人情况推送信息，提醒其办理特定事情。

智慧社区包括智慧社区基础设施、智慧社区管理、智慧社区服务和智慧社区发展环境四部分。其中，智慧社区基础设施包括小区宽带网络（10 Mbps 以上入户）、三网融合以及智能化的小区设施；智慧社区管理包括计划生育、出租房管理、社会保障、民政等社区管理事务的智能化；智慧社区服务包括保洁、维修、购物、娱乐等各类为社区居民服务的智能化；智慧社区发展环境包括与智慧社区相关的政策法规、标准规范、人才培养等。

发展智慧社区，有利于提高社区管理水平，创新社会管理方式；有利于提高为社区居民服务的水平，使社区更宜居；有利于丰富社区居民的生活，创建和谐社区。

（二）新一代信息技术在智慧社区中的应用

1. 物联网技术

在智慧社区中，物联网技术可以应用于小区安防、自动抄表、环境监测等领域。对高档社区来说，单一的视频监控已经无法满足业主对安全防护的需求。采用物联网技术建立小区周界安防系统，通过振动传感器进行目标分类探测，并结合多种传感器组成协同感知的网络，实现全新的多点融合和协同感知，可对入侵目标和入侵行为进行有效分类与高精度区域定位。采用智能化的水表、电表、燃气表，可以根据需要自动将读数发送到供水企业、供电企业和燃气供应企业，减少人工抄表所需的人员、时间等。通过在社区放置一系列的传感器，可以实时感知社区的大气污染物(如 $PM_{2.5}$)、温度、湿度、有害气体等,为社区居民提供警示信息。

2.云计算技术

在智慧社区中,云计算技术可以应用于社区电子政务、居民娱乐等领域。随着电子政务建设的深入,电子政务系统逐步向基层延伸。社区电子政务是典型的基层电子政务,是提高社区管理和居民服务水平的重要手段。社区事务是"上面千条线,下面一根针",采用云计算技术,在每个城市建设一个社区云平台,是推进社区电子政务建设集中化的重要方式。所有与社区有关的信息系统都可以运行在社区云平台上,从而提高管理效率和服务质量。电信或广电运营商可以通过"云电视"为居民提供视频、音频、网络游戏等的按需点播服务,丰富社区居民的文化生活。

3.移动互联网技术

在智慧社区中,移动互联网可以应用于社区信息服务、电子支付等领域。利用移动智能终端,社区居民可以通过移动互联网查询社区相关信息,在网上办理有关事务,寻找家政服务。利用手机的移动支付功能,可以缴纳物业费、水费、电费、燃气费等。

SeeClickFix 是一个手机应用程序,社区居民能够通过智能手机报告他们发现的问题,如发现公园里的长椅破损了,道路存在坑洞,乱倒垃圾等。所有的投诉对社区居民都是可见的,而社区的其他居民可以投票赞同,表示确实存在这一问题。华盛顿和旧金山已把 SeeClickFix 合并为它们的 311 个信息服务程序中。SeeClickFix 可以自动生成问题报告,并将这些报告以电子邮件的形式发送给当地政府的相关部门。SeeClickFix 有助于让地方政府有关部门关注一些自身可能难以发现或注意到的问题,让本地居民参与社会治理。

再生活信息技术有限公司提供标准化、规范化的上门回收废旧物资服务,包括旧手机、旧家电、塑料瓶、易拉罐、旧衣服、纸类等。用户可通过"再生活"手机 App 定制上门服务周期,预约上门服务时间。该公司通过先进的信息系统和标准化的管理流程为用户建立可再生资源回收账户,记录用户的环保贡献与资金余额。用户可用销售废旧物资所得资金换购该公司手机便利店中的商品,订购商品由该公司工作人员送货上门。可以预见,O2O(线上线下结合)式的电子商务将成为互联网时代废旧资源回收和处理的新趋势。

(三)发展对策

1.加快完善智慧社区建设的标准规范

20 世纪 90 年代,建设部发布了《全国住宅小区智能化系统示范工程建设要点与技术导则》(试行稿)。随着物联网、云计算、移动互联网等新一代信息技术的出现,社区信息化的技术环境发生了很大的变化,社区居民的实际需求也有了很大的变化。

建议有关部门有待制定新的规定,以指导全国各地的智慧社区建设工作。

2.把社区电子政务作为推进基层电子政务建设的重要内容

众所周知,基层既是国家政权的基础,也是公共服务的落脚点。基层电子政务建设的好坏，直接影响到我国电子政务的整体发展水平。为此，应整合各类社区管理信息系统，按照全生命周期管理的思想，对社区居民进行管理，提供一站式的公共服务。

3. 把智慧社区建设作为创新社会管理的重要内容

社会管理，说到底是对人的管理和服务。在中国城市，绝大多数市民都居住在小区里面。利用信息化、智能化手段创新社区管理方式，是创新社会管理的重要内容，特别是在小区安防、出租屋管理、残疾人服务、老年人服务、家政服务等方面。

二、智慧家庭

所谓智慧家庭，就是指通过智能化程度较高的家电、家具等家居环境，过上高度数字化生活的家庭。智慧家庭是未来家庭的发展方向，是满足广大人民不断提高的物质生活、文化生活需要的必然要求。从应用领域来看，智慧家庭包括智慧客厅、智慧卧室、智慧厨房、智慧卫生间、智慧健身房、智慧书房等。

物联网技术是智慧家庭的核心技术。利用物联网技术，智慧家庭系统可以感知主人的需求，并自动为主人服务。例如，主人进门后一按智能手机的中央控制器“在家模式”，如果是白天，窗帘就会自动打开；如果是晚上，电灯自动开启；如果在夏天，空调就会自动开启。而在以前，需要主人自己逐个去按开关。

在智慧客厅，客厅茶几是个信息终端，可以收发文件，对智能家电进行遥控。相框是数字相框，相框中的图片可以根据主人的爱好而变化。在智慧卧室，可以根据需要对灯光亮度进行调节，播放背景音乐；床是电控的，具有改变姿态、按摩等功能。在智慧厨房，可以根据需要编排菜谱，指导主人做菜。在智慧卫生间，主人按一下“洗浴”指令，浴缸就自动放水；在晚上，主人一走进卫生间，卫生间的灯会自动亮起。在智慧健身房，主人骑上自行车，可以根据骑车路线来变换屏幕场景，边健身边进行“虚拟旅行”，增加健身的乐趣。在智慧书房，书桌也是一个信息终端，可以连接数字图书馆、数字博物馆，阅读电子书，参加视频会议等。

从物理环境来看，智慧家庭由一系列智能家居产品和中央控制器构成。其中智能家居产品包括智能冰箱、智能空调、智能洗衣机、高清互动电视、体感游戏设备、智能家具等。

（一）智能家电

智能家电就是微处理器和计算机技术引入家电设备后形成的家电产品，是具有自动监测自身故障、自动测量、自动控制以及自动调节与远方控制中心通信等功能的家电设备。

家电的进步，关键在于采用了先进控制技术，从而使家电从一种机械式的用具变成一种具有智能的设备。例如，加入了“模糊运算”功能的电饭煲，能自动根据米饭量、软硬度要求调节运行时间和运行功率，1 人和 3 人的米饭量，工作时间不相同，而米饭和粥的工作效率也不一样。又如随身感空调，通过在室内机上增加一个红外线感应装置，可根据家人数量的多少以及人所处的位置，调节空调风量和送风角度。此外，还有加装“儿童锁”的电视（通过设置好电视的开关时间，避免儿童长时间看电视而影响视力），根据衣物多少自动添投洗衣粉的洗衣机，自动扫描存储食物保持周期，从而提前发出预警的冰箱，等等。

未来智能家电的三个发展方向，即多种智能化、自适应进化及网络化。多种智能化是家电尽可能在其特有的工作功能中模拟多种人的智能思维或智能活动的功能。自适应进化是家电根据自身状态和外界环境自动优化工作方式与过程的能力，这种能力使得家电在其生命周期中都能处于最有效、最节能和最好品质的状态。网络化的家电可以由用户实现远程控制，在家电之间也可以实现互操作。物联网家电是指能够与互联网连接，并且通过互联网可对其进行控制、管理的家电产品。

智能家电的智能程度不同，同一类产品的智能程度也有很大差别，一般可分成单项智能和多项智能。单项智能家电只有一种模拟人类智能的功能。例如，在模糊电饭煲中，检测饭量并进行对应控制是一种模拟人的智能的过程。在电饭煲中，检测饭量不可能用重量传感器，这是环境过热所不允许的。采用“饭量多则吸热时间长”这种人的思维过程就可以实现饭量的检测，并且根据饭量的不同采取不同的控制过程。这种电饭煲是一种具有单项智能的电饭煲，它采用模糊推理进行饭量的检测，同时用模糊控制推理进行整个过程的控制。在多项智能的家电中，有多种模拟人类智能的功能。例如，多功能模糊电饭煲就有多种模拟人类智能的功能。

互动化是智能家电发展的一个重要趋势，如高清互动电视、体感游戏设备等。高清互动电视是通过有线数字电视双向网络，基于高清互动机顶盒，为用户提供高清晰度数字节目的视频内容和综合信息服务平台，能实现互动点播（VOD）、精彩回放、电视银行、电视教育、互动游戏等多种交互业务。高清节目采用1920×1080i的格式播出，图像的幅型比为16∶9，达到胶片级电影的效果，部分电影和音乐会具有环绕立体声效果，让人们体会身临其境的视听震撼。

体感游戏是一种通过肢体动作变化来进行操作的新型电子游戏。具有代表性的体感游戏平台包括Xbox360、PlayStation Move等。体感游戏突破了以前手柄、键盘、鼠标等输入的操作方式，通过人体动作来操控游戏，可以在玩游戏的同时锻炼身体，例如打保龄球。

（二）智能家具

智能家具是指采用现代信息技术，将各种不同类型的信号进行实时采集，由控制器对所采集的信号按预定程序进行记录、逻辑判断、反馈等处理，并将处理信息及时上报至信息管理平台，可对使用者的需求做出自动反应的家具。

智能家具是传统家具与信息技术相结合的产物。智能家具的新颖之处在于运用高新技术进行功能改进，如通过置入机械传动、传感器、控制电路、单片机和嵌入式电子计算机等器件，使家具具备一定的智能。与传统家具相比，智能家具更加人性化，是家具行业的一个发展趋势。

爱尔兰的 Lancaster 大学与德国、瑞典及芬兰的大学合作开发的一系列智能家具，包括可以开启电视机，会说欢迎词的智能沙发，在负荷过重时能自动提示的智能书架，在药物过期时可发出警告提示的智能药品柜等，充分体现了高技术与艺术的完美结合。

顾家工艺所开发的智能沙发，把热感应技术运用到沙发中。当隐藏在沙发扶手中的感应开关接触到人体的体温触感后，便可利用电动功能在 10 秒内自动将沙发靠背调整至人体最舒适的位置。

第三节　智慧旅游与智慧交通

一、智慧旅游

（一）内涵与特征

旅游业是资源消耗低、带动系数大、就业机会多、综合效益好的绿色低碳产业。改革开放以来，我国旅游业快速发展，产业规模不断扩大，产业体系日趋完善。《国务院关于加快发展旅游业的意见》提出，要把旅游业培育成国民经济的战略性支柱产业和人民群众更加满意的现代服务业，推进旅游信息化是实现旅游业发展两大战略目标的重要支撑。

随着物联网、云计算、移动互联网等新一代信息技术的飞速发展，旅游信息化开始步入“智慧旅游”时代。智慧旅游是指通过应用新一代信息技术，整合旅游相关信息资源，促进旅游信息共享和游客服务部门的业务协同，提高旅游服务的效率和质量，促进旅游业的健康发展。简单地说，智慧旅游就是指旅游行业的智能化。

与传统旅游信息化相比，智慧旅游具有以下特点：以游客为中心；旅游信息服务自动化；旅游信息服务智能化。

1. 以游客为中心

在旅游过程中，游客需要关心的问题包括旅游线路、景点、交通、住宿、餐饮、购物、娱乐、天气等方面。其中交通问题又涉及航班、火车、轮船、客运汽车、出租车等交通工具有关信息。在传统旅游信息化中，信息不是以游客为中心来组织的，而是以部门为中心来组织的。举例来说，旅游主管部门发布旅游景点信息，航空公司发布航班信息，气象部门发布天气预报信息，宾馆酒店发布住宿信息。这些部门按旅游涉及的相关领域建设一个个孤立的信息系统，这些信息系统之间没有实现互联互通和信息共享。当游客需要查找信息时，需要登录到一个个网站查找不同的信息，既费时又费力。在智慧旅游系统中，信息是以游客为中心进行组织的。通过采用位置服务（LBS）技术，游客走到哪里，相关的吃、住、行、玩等方面的信息都会立刻呈现在游客面前。

2. 旅游信息服务自动化

在传统旅游信息化中，游客获取旅游信息服务是被动的，往往需要自行查找分散在各部门的信息。在智慧旅游系统中，游客获取旅游信息服务是主动的。智慧旅游系统可以根据游客输入的身份特征、兴趣爱好、地理位置等自动编排有关信息。例如，根据游客的出发地和目的地，是年轻的情侣还是退休的老年人，喜欢自然风光还是名胜古迹等，自动编排不同类型、不同内容的信息，提供个性化的旅游信息服务。此外，游客可以在自动售票机上购买门票，也可以通过手机购票(手机二维码门票)。门票带有感应磁条或 RFID 电子标签，游客可以刷卡或扫描手机二维码进入景区大门。游客可以刷卡租用自行车，乘坐电瓶车，购买景区纪念品。通过便携式电子导游机，游客走到哪里，就自动介绍所在位置的景点。

3. 旅游信息服务智能化

旅游信息系统的智能化程度是智慧旅游与传统旅游信息化之间最大的区别。一方面，绝大多数游客都是非专业游客。他们的旅游经验不丰富，对旅行过程及目的地情况缺乏了解；另一方面，不同游客在年龄、经济条件、爱好、行程天数等方面实际情况千差万别。因此，必须提高旅游信息服务的智能化水平。例如，建立提供场景式服务的旅游信息网站，游客输入出发日期、出发地、目的地、返回日期，根据不同情况为游客设计一条经过优化的旅游线路。然后让游客根据自身实际情况按条件检索，选择不同的出行路线、交通工具，选择不同价位、不同星级的宾馆，选择不同的景点并预订门票等，把旅游全程涉及的各个方面安排妥当。在游客做每一步选择时，智慧旅游系统可以根据推荐度(或好评度)、价位等对选项进行排序，供游客参考。

智慧旅游是旅游业信息化发展的高级阶段，是我国旅游业转型升级的重要途径。对于以旅游业为支柱产业的城市来说，智慧旅游是智慧城市建设的重点领域。

(二)体系框架

旅游业涉及旅游主管部门、景区(景点)、旅行社等旅游企业及游客等。相应地，智慧旅游包括智慧政府、智慧景区、智慧企业及智慧游客四大部分。

1. 智慧政府

在智慧旅游中，智慧政府是指智慧的旅游主管部门，如旅游局、旅游委等。旅游主管部门通过智慧旅游项目建设，提高旅游市场监管和公共服务的智能化水平。例如，按照“大旅游”的理念，与交通、公安、工商、卫生等相关部门加强信息共享和业务协同，对旅行社进行全生命周期管理，为旅行社提供业务办理“一站式”服务。旅游主管部门领导可以根据需要查看本地区游客数量、旅游业务收入、游客投诉等情况。

2. 智慧景区

智慧景区是指在景区管理和服务游客方面提高自动化、智能化水平。例如，利用物联网建立景区周界安防系统、电子导游自动触发系统、景区移动视频监控系统等，加强景区管理的精细化程度，提高游客的满意度。

3. 智慧企业

在智慧旅游中，智慧企业是指经营管理和服务游客智能化水平高的旅行社、酒店、车辆租赁等旅游服务企业。实践表明，通过实施企业资源规划（ERP）系统、客户关系管理（CRM）系统、商业智能（BI）系统等先进信息系统，可以显著提高大中型旅游企业的经营管理水平，提高对游客需求的响应能力。对于大型旅行社，利用信息化、智能化手段可以把全集团的财务决算周期从一个月、几周缩短到几天甚至24小时内，实现日清日结。构建智慧企业，对于推动信息化与旅游业深度融合、促进旅游业转型升级具有重要的意义。

4. 智慧游客

智慧游客是指信息化装备精良的游客。随着微博、社交网络等Web 3.0技术的发展，手持iPhone等智能终端的游客可以将随时拍到的照片、录制的视频等与家人、朋友分享，利用智能终端查阅旅游信息，订酒店、订机票、订门票，查询当前地理位置，进行汇率换算、语言翻译等。

（三）新一代信息技术在智慧旅游中的应用

与智慧旅游密切相关的关键技术是物联网、云计算、移动互联网、大数据等新一代信息技术。

1. 物联网技术

在智慧旅游中，物联网技术在旅游景区门禁、景区安防、自助导游、景区环境监控等方面有广阔的应用前景。例如，利用带RFID的门票，游客可以自行通过门口闸机进入景区，管理部门可以对进入景区的游客人数进行自动统计。对于限制客流量的景区，人数满员后可以自动锁定闸机。游客来到某景点，带RFID的门票可以触发景点解说器，为游客讲解。对于山地景区，在潜在滑坡体安装传感器网，可以监测山体形变，及时对滑坡灾害进行预警。

2. 云计算技术

在智慧旅游中，云计算技术可以用于区域旅游信息平台、大型商业旅游网站、大型旅行社数据中心等。对于区域旅游信息平台，利用云计算技术可以提高平台的性能，促进当地旅游信息资源的整合。对于大型商业旅游网站，云计算可以根据访问量调节计算资源，降低运营成本。对于中国国际旅行社等网点遍布全国的大型旅行社，建立基于云计算的数据中心，可以实现业务财务一体化，提高集团管控能力。对于中小旅行社，利用基于云计算的旅游信息服务平台，就无须购买软硬件，降低其信息化门槛。

3. 移动互联网技术

在智慧旅游中，移动互联网技术可以使游客随时随地获取旅游信息资源。例如，在出国旅游过程中，游客通过下载并安装相关App，就可以在智能手机上查询旅游景点信息、交通出行信息、天气信息、国际时间，订酒店、订机票、订门票，进行汇率自动换算、语言自动翻译，确定当前地理位置和方位等，而无须随身带纸质地图、手表、指南针、计算器、电子词典等，省去很多麻烦，使旅游更加轻松自在。

4. 大数据技术

在智慧旅游中，随着旅游业的发展，游客数量越来越多，各类旅游信息服务平台提供的信息越来越丰富,旅行社采集的数据也快速增长,而且许多数据都是非结构化数据。为此,需要采用大数据技术,对各类旅游数据进行分析、挖掘,更好地为游客服务。

(四)发展现状

在欧美发达国家,旅游信息化往往以游客为中心,游客走到哪里,都可以很方便地获取与旅游有关的信息。在欧美城市,Wi－Fi很普及,利用智能手机终端,就可以随时随地查阅与旅游有关的信息。LBS系统建得很好,相关的交通、语言、汇率等方面的信息服务也做得很好,游客进入完全陌生的旅游目的地也可以按图索骥找到景点,吃住行没有障碍。

国家旅游局开展了全国智慧旅游试点工作。北京、武汉、成都、南京、福州、大连、厦门、苏州、黄山、温州、烟台、洛阳、无锡、常州、南通、扬州、镇江、武夷山18个城市被列入第一批国家智慧旅游试点城市,天津、广州、杭州、青岛、长春、郑州、太原、昆明、贵阳、宁波、秦皇岛、湘潭、牡丹江、铜仁15个城市被列入第二批国家智慧旅游试点城市。

此外,一些城市在智慧城市规划、建设过程中,也把智慧旅游作为一个重要组成部分。中国电信、中国移动都推出了智慧旅游方面的产品和解决方案。

(五)相关政策

国家旅游局出台了《关于促进智慧旅游发展的指导意见》,明确了指导思想、基本原则、发展目标、主要任务和保障措施。

1.指导思想

深入贯彻实施《中华人民共和国旅游法》和《国务院关于促进旅游业改革发展的若干意见》,以满足旅游者现代信息需求为基础,以提高旅游便利化水平和产业运行效率为目标,以实现旅游服务、管理、营销、体验智能化为主要途径,加强顶层设计,完善技术标准,整合信息资源,建立健全市场化发展机制,鼓励引导模式业态创新,有序推进智慧旅游持续健康发展,不断提升我国旅游信息化发展水平。

2.基本原则

坚持政府引导与市场主体相结合。政府着力加强规划指导和政策引导,推进智慧旅游公共服务体系建设;企业在政府规划、政策和行业标准的引导下,以市场需求为导向,开发适应游客需求的产品和服务。防止政府大包大揽和不必要的行政干预。坚持统筹协调与上下联动相结合。着眼于中国旅游业发展的整体和长远需要,着力加强信息互联互通,有效规避信息孤岛化、碎片化。在确保信息资源可共享的基础上,各地可结合实际需求,先行先试,创新智慧旅游服务管理手段。坚持问题导向与循序渐进相结合。要突出为民、便民、惠民的基本导向,防止重建设、轻实效,使游客充分享受智慧旅游发展的成果。要充分认识智慧旅游建设的系统性和复杂性,通过成熟的技术手段,从最迫切、最紧要问题入手,做深做透,循序渐进。

3. 发展目标

建设一批智慧旅游景区、智慧旅游企业和智慧旅游城市，建成国家智慧旅游公共服务网络和平台。我国智慧旅游服务能力明显提升，智慧管理能力持续增强，大数据挖掘和智慧营销能力明显提高，移动电子商务、旅游大数据系统分析、人工智能技术等在旅游业应用更加广泛，培育若干实力雄厚的以智慧旅游为主营业务的企业，形成系统化的智慧旅游价值链网络。

4. 主要任务

(1)夯实智慧旅游发展信息化基础

加快旅游集散地、机场、车站、景区、宾馆饭店、乡村旅游扶贫村等重点旅游场所的无线上网环境建设，提升旅游城市公共信息服务能力。

(2)建立完善旅游信息基础数据平台

规范数据采集及交换方式，逐步实现统一规则采集旅游信息，统一标准存储旅游信息，统一技术规范交换旅游信息，实现旅游信息数据向各级旅游部门、旅游企业、电子商务平台开放，保证旅游信息数据的准确性、及时性和开放性。

(3)建立游客信息服务体系

充分发挥国家智慧旅游公共服务平台和 12301 旅游咨询服务热线的作用，建设统一受理、分级处理的旅游投诉平台。建立健全信息查询、旅游投诉和旅游救援等方面信息化服务体系。大力开发运用基于移动通信终端的旅游应用软件，提供无缝化、即时化、精确化、互动化的旅游信息服务。积极培育集合旅游相关服务产品的电子商务平台，切实提高服务效率和用户体验。积极鼓励多元化投资渠道参与投融资，参与旅游公共信息服务平台建设。

(4)建立智慧旅游管理体系

建立健全国家、省、市旅游应急指挥平台，提升旅游应急服务水平。完善在线行政审批系统、产业统计分析系统、旅游安全监管系统、旅游投诉管理系统，建立使用规范、协调顺畅、公开透明、运行高效的旅游行政管理机制。

(5)构建智慧旅游营销体系

依据旅游大数据挖掘，建立智慧旅游营销系统，拓展新的旅游营销方式，开展针对性强的旅游营销。逐步建立广播、电视、短信、多媒体等传统渠道和移动互联网、微博、微信等新媒体渠道相结合的全媒体信息传播机制。结合乡村旅游特点，大力发展智慧乡村游，鼓励有条件的地区建设乡村旅游公共营销平台。

(6)推动智慧旅游产业发展

建立智慧旅游示范项目数据库，鼓励旅游企业利用终端数据进行创业，支持智慧城市解决方案提供商以及云计算、物联网、移动互联网应用项目进入旅游业，鼓励有条件的地区建立智慧旅游产业园区。

(7)加强示范标准建设

支持国家智慧旅游试点城市、智慧景区和智慧企业建设，鼓励标准统一、网络互连、数据共享的发展模式。鼓励有条件的地方及企业先行编制相关标准并择优加以推广应用。逐步将智慧旅游景区、饭店等企业建设水平纳入各类评级评星的评定标准。

(8)加快创新融合发展

各地旅游部门要加强与通信运营商、电子商务机构、专业服务商、高校和科研机构开展合作，引导相关部门和企业通过技术输出、资金投入、服务外包、资源共享等方式参与智慧旅游建设。探索建立政产学研金相结合的智慧旅游产业化推进模式。

(9)建立景区门票预约制度

鼓励博物馆、科技馆、旅游景区运用智慧旅游手段，建立门票预约制度、景区拥挤程度预测机制和旅游舒适度的评价机制，建立游客实时评价的旅游景区动态评价机制。

(10)推进数据开放共享

加快改变旅游信息数据逐级上报的传统模式，推动旅游部门和企业间的数据实时共享。各级旅游部门要开放有关旅游行业发展数据，建立开放平台，定期发布相关数据，并接受游客、企业和有关方面对于旅游服务质量的信息反馈。鼓励互联网企业、OTA企业与政府部门之间采取数据互换的方式进行数据共享。鼓励旅游企业、航空公司、相关企业的数据实现实时共享，鼓励景区将视频监控数据与国家智慧旅游公共服务平台实现共享。

5.保障措施

(1)加强组织领导

各级旅游部门要加强领导，积极稳步推进智慧旅游建设。国家旅游局智慧旅游工作领导小组负责智慧旅游建设的总体指导和监督实施，指导有关技术标准规范的制定。各地应结合实际建立智慧旅游建设推进小组，统筹协调本地区智慧旅游基础建设、标准制定、技术应用和推广。鼓励有条件的地方建立智慧旅游协同创新中心、产业孵化中心、公共服务运营中心、人才服务中心。

(2)加强规划指导

各地要根据实际需要加快制定本地区智慧旅游发展规划、年度计划和工作方案，统筹部署，循序渐进。智慧旅游发展规划要与智慧城市建设规划相结合，利用智慧城市建设发展提供的通信、交通、安全保障、信息交换等基础环境，提高相关工作的协同性。

(3)强化队伍建设

建立智慧旅游人才培养体系，鼓励民营资本投入智慧旅游职业教育领域，为我国智慧旅游发展提供人才保障。积极开展智慧旅游专业培训，鼓励开展多样化的智慧旅游交流活动。

(4)加大资金投入

各地旅游部门要加大对智慧旅游的投入力度,保障公益性智慧旅游服务项目建设,支持重点项目建设。积极拓宽融资渠道,鼓励各类投资主体多方面投入智慧旅游发展。

(5)加强综合评估

各地旅游部门应建立智慧旅游工作目标责任制,将智慧旅游建设工作纳入旅游部门年度考评目标。积极引入第三方评价机制,对智慧旅游项目和成果进行投入、产出、综合效益、推广价值等方面的综合评价,在综合评估基础上不断加以提升改进。

(六)发展对策

结合旅游业特点,以及对智慧旅游的深入思考,建议从以下三个方面发展智慧旅游。

1.在旅游行业推广新一代信息技术

鼓励景区管理部门在景区门禁、电子导游、景区环境和灾害监测预警等方面采用物联网技术。鼓励地方旅游信息中心建设基于云计算的区域旅游信息服务平台,为游客提供一站式、个性化的服务。鼓励电信运营商等搭建旅游云服务平台等公有云,降低中小旅游企业信息化门槛。鼓励大型旅行社开展私有云、大数据技术应用。鼓励软件企业开发在 iPhone、iPad 等移动智能终端上运行的旅游小软件(如 LBS、实时更新的航班时刻表),以应用程序商店(AppStore)的商业模式供游客下载使用。鼓励电信运营商开展 5G 移动旅游信息服务。

2.以游客为中心整合旅游信息资源

建议各地旅游主管部门牵头建设旅游企业全生命周期管理和服务系统,整合工商、税务、交通、气象、公安、卫生等部门的相关信息资源。同时,支持市场化运作的机构建设基于 LBS 的游客全程信息服务系统,整合当地景点、交通、住宿、餐饮、购物、娱乐、天气、语言、汇率等与旅游相关的信息资源,为游客提供从出发到返程的全程信息服务。

3.提升旅游服务的自动化和智能化水平

鼓励景区管理部门对旅游设施进行改造,提高旅游设施的自动化、智能化水平,为游客提供更人性化的服务。鼓励大型旅游信息服务运营商对现有旅游网站进行改版,根据游客身份特征、经济条件、兴趣爱好、地理位置等自动编排和推送有关信息,提供定制化的旅游信息服务。通过提供场景式服务,提高游客的满意度。

二、智能交通

(一)智能网联交通系统中的信息物理映射与系统构建

交通伴随人类文明一路走来。人、车、路为核心的交通要素在每个发展阶段,均以信号和系统的方式存在。以汽车为代表的交通运输工具日新月异,使得道路交通日趋复杂,也推进法制化的完善。近几十年,汽车从机械化、电子化、信息化和新能源化为特征逐步演变,智能交通系统的设计、运行和管理也在复杂交通应用场景与多传感器融合中创新迭代。人工智能对交通系统及其应用既是发展性技术赋能，又是融合性技术挑战。智能交通系统将进一步迫使交通深度感知、交通信息泛在、交通数据普适和交通安全高效，这将在技术与法规层面上共同考验着当前智能交通体系和未来无人驾驶的全面推广。

把高清视觉、毫米波雷达、激光雷达、超声波、红外夜视、全球导航卫星系统(Global Navigation Satellite System，GNSS)接收器、惯性导航单元和高精度地图软件等产品与技术集成于车辆，并构成一个完整的交通感知系统。该系统使得车辆在复杂的交通环境中能及时感应周围的环境和收集数据，实现静态与动态物体的辨识、侦测和追踪。尤其在导航仪和地图数据的支撑下，通过实时交互的运算处理，达到交通的安全性和驾驶的舒适性。这也是车辆电子信息化在智能交通系统中的技术呈现，由此也产生了多样性、高度异构性、离散性和移动性极强的车联网数据。这种静态感知的交通信息系统在算法无法实时支撑、非深度学习和无数据云控的情况下，容易丢弃绝大部分现场数据，甚至主动丢弃全部数据。这无法满足交通运营和管控的需求，也是云控数据管理和人工智能处理所不容许的。所幸学术界和产业界已经关注到了这一问题的严重性。凭借云计算、大数据和人工智能等技术处理，这些交通实时感知数据的高可信计算与处理将发挥越来越重要的预测与决策作用。

海量的交通数据具有异构、高维、冗余，时空相关性等特点。交通场景映射成数据资源，并服务交通管理，是目前热点研究方向。关注到交通应用场景的数据复杂性，不仅仅是视频、图像、语音、多媒体信号、文本与标识等，甚至含有多个数据形式的隐含信息与噪声数据。这些原始数据也具有冗余、互补、不正确或者模糊等特点，不适合计算机采用数据库检索方法来直接完成相关分析、处理与决策。这就需要将信息物理融合系统理论迁移至智能交通系统，形式化语义来表达交通中人、车、交通基础设施和交通事件各要素，并使其更具关联性、一致性和完整性，实现简化智能交通系统的数据交互、动态推理和可信计算。

根据智能网络交通中道路上人或非机动车安全警告标识、交通灯信号时序等道路管理信息、车辆间信息交互和提醒、互联网发布多媒体和功能性内容来约束、提取和归一化交通异构时空数据源，反馈与优化交通时空数据表达方式和精化策略，最终形成基于智能网联交通的信息物理融合系统及其时空数据云控应用，以满足自动驾驶和无人驾驶的全面普及。

1. 智能网联交通的系统分析

交通系统的研究场景或区域既是一个开放的系统，又是一个封闭系统。人和车辆在交通运行中，已从原始的自我认知演变成综合感知系统的判识与交互。交通设施和交通工具，已从传统的物理标识演变成综合枢纽系统的智能调度与引导。交通信号与交通信息，已实现了“卫星—空中—近地面—地面—水面—水下”的无线电、光电和感应等多源异构综合交通信息与控制体系。交通管理和交通服务已从单一的人为指挥演变成智能信息技术的态势预测与决策。智能交通系统应用的开放在于不断与社会生活融合，吸纳新理念与技术，产生新管理方式和服务体系，成为生活态度和社会生态。智能交通系统的物理封闭性，更多地体现在人、车、设施、信息和管理等要素的不断耦合，更趋近于工业级的信息物理融合系统，甚至是“数字孪生”的综合智能交通系统。智能交通系统并不完全依赖于互联网，只需要将交通基础设施、交通信息处理平台、交通工具以及人通过网络通信能力嵌入到物理世界，实现信息物理的融合与交互。智能交通系统更主要的是应用场景的深度感知，将可控、可信、可扩展的网络化物理设备系统通过计算进程和物理进程相互影响的反馈循环实现深度融合和实时交互。交通的信息化和智能化，本身就要求交通物理实体和交通信息世界的双重安全、可靠、高效和绿色。因此，综合智能交通系统是一个要素异质融合、多子系统集成、信息互联互通、多层次互操作、动态实时管控的复杂系统。

将综合智能交通集成系统通过信息物理融合系统的构建，将基于物联网的交通要素感知和基于信息物理融合的交通数据驱动进行系统耦合，实现第一层次的交通信息物理系统映射。在交通结构化或非结构化数据处理的基础上，针对交通应用场景的物理模型和时空（或非时空）信息的形式化语义表达，实现第二层次的智能交通信息物理原型系统。根据智能交通系统海量繁杂的时空数据，利用5G/GNSS等先进通信方式和技术应用无缝集成，在智能交通系统分析、仿真模拟、管控预测、综合决策和方案优化等环节，实现基于时空数据云的智能交通应用服务平台。通过物联网中间件和信息物理中间件将交通要素及其场景、设备和设施等相关数据汇聚，在交通动态信息同步映射与综合处理后，以标准化原型系统的方式支撑不同时延要求下的智能交通应用，从而形成面向智能网联交通的分析、模拟、预测、决策和优化。在信息物理融合系统理论及其技术方法中需要重点关注的实时网络传输、信息时间同步、数据隐私保护和信息安全策略等协议或机制，仍是交通信息物理融合系统的关键技术问题。

由此可见，智能网联交通是建立在数据与智能应用之上的交通系统工程，其技术特征表现为：①信息化交通系统的形式化表达；②数据驱动的全周期交通模式；③边缘自治的交通全域管控；④同步实时的交通数据治理；⑤诱导干预性的交通数据安全。在全域全网数据管控模式下的智能交通系统，更是需要交通系统与信息系统的协作融合。相关技术特征的界定将是信息物理交通系统（CPS－T）技术体系建立和管控应用的核心。

2.信息物理交通系统

信息物理融合系统不局限于物联网的感知功能，更突出通信、计算和控制。在大数据和人工智能技术支撑下，信息物理融合系统更具安全和自治功能。智能交通系统正是信息物理融合系统的典型应用。智慧终端及其系统服务的普适性，使得交通信息越来越不可忽略社会数据。例如，手机发布的实时路况照片和文字等。视频监控及其特征提取的实时性，使得交通管控越来越依赖于智能辅助决策。例如,路测闯红灯大屏幕展示牌发布的人脸对应身份证号、语音警告提醒等。城市间或城市内交通态势发布的精准性,使得交通大数据越来越直接参与社会治理。例如,节假日交通临时管制的信息实时推送等。

"人—车—路"三者构成的智能交通应用基本单元,体现了分布式感知单元(或设备)在交通规则的驱使下相互协作并完成复杂的管理任务。每个交通感知单元本身具有处理能力,在5G/4G通信网络支持下,实时执行与发布分析治理后的数据。基于信息物理融合系统的综合交通应重心在于计算、治理及其数据发布。交通管控过程对物理环境产生反馈,作用的大小取决于交通感知单元的多少及其特征融合能力。由于存在着规模与种类的不同,信息映射后在通信网络中的协议和标准也不同。在整个信息物理映射过程中,交通中的"人—车—路"已不处于主导地位,只是被自动感知、实时传输、计算分析和反馈执行的"数据对象"。因此,交通信息物理融合系统具有数据自主治理能力。

交通物理实体与交通信息数据的时空关联是CPS－T的本质特性。交通信息物理融合系统在交通物理实体方面由全息感知进化为系统接口、通信标准、网络协议和层次控制等,在信息方面由数据传输进化为边缘计算、云交互、远程推送等,在数据方面由数据库管理进化为规约精化、数据挖掘、深度学习、可靠防护和可信验证等,通过各类交通场景与应用模型的智能训练,形成基于信息物理融合系统理论方法及其技术机理的交通决策反馈。智能交通系统围绕着交通事件的发展过程和阶段状态,在时间同步及其演变下由系统模型转化为数据模型,将交通对象、属性、空间和时间4大数据集合对应建立成计算机语义表达的相关基类。在智能网联交通应用中,将以往车联网、车路协同、智能网联车等研究的V2X(Vehicle to Everything)关键技术演进为C2X(Cloud to Everything),即构建云—人(Cloud to Pedestrian)、云—车辆(Cloud to Vehicle)、云—设施(Cloud to Infrastructure)、云—管理(Cloud to Government)和云—云(Cloud to Cloud)各个时空数据应用单元,最终完成智能网联交通信息物理过程及其时空数据云应用。

3. CPS－T 数据精化

交通时空数据精化需要把交通要素与社会信息资源按照形式化规约转化成时空数据变量,降低数据的不一致性和不完整性等,形成字符、符号、数据包、数据序列等精化结构,保证"人—车—路—云"数据的可靠性和完备性。云平台将交通系统各要素状态信息按照交通信息物理融合系统运行模式进行数据分层,实时信息映射后统一成不同交通场景应用的实时基础数据。面向智能网联交通将"人—车—路—云"信息进行时空数据模型化,以实时基础数据为汇聚规范,实现云平台控制下的交通历史数据和实时交通场景数据等多维度基础汇总数据。结合V2X和交通时空数据控制,通过"云、边、端"协同,开展终端计算、边缘计算与云计算引擎进行交通数据挖掘、大数据计算与多维交互式分析,以交通信息物理融合系统标准化形式推送宏观交通数据分析的基础数据与数据增值服务，实现智能交通系统的性能提升与交通全链路数据运营的精准管理。交通信息物理融合系统中产生的时空数据存在着多重冗余与动态丢失问题，在动态状态预处理后设计数据精化的修正与补偿策略，实现时空数据驱动的信息域和物理域综合表征。时空数据精化消除交通海量数据的不确定性，将交通时空数据抽象成交通信息物理模型，功能描述精准与数据结构完整的模型有助于深度学习与特征挖掘。

4. CPS－T 数据云控

在智能网络交通中，数据是交通信息化资源。正如交通网络通信的发展实现了从车辆内部传输，到车辆与交通基础设施通信，再到交通要素与社会信息资源的互联互通。交通信息物理融合系统的构建也是一个把交通物理世界、交通信息空间和人类社会活动，三者系统化、泛在化和普适化的动态过程。以交通管控事件和交通安全策略为导向，将部署在交通应用场景中的数据采集设备、通信设施和计算系统进行扁平归一化，在高速率、低时延和大容量等特征的5G技术支撑下实现基于交通信息物理融合系统的“云—边—端”交通应用。数据驱动的交通信息物理融合系统一方面集成当前科学技术及其未来发展趋势，另一方面赋能未来交通应用，例如无人驾驶。网络通信技术的泛在，在5G之外需要GNSS、低轨物联网卫星、数字多媒体广播、无线局域网和专用短程通信等。

交通网络通信系统的构建为交通信息物理融合系统计算调度和控制等功能的实现提供了可能。低时延、高数据速率与大容量等特性正是解决交通实时网络传输协议，高可靠系统同步算法、人车路云数据融合策略等关键技术的核心。泛在交通系统的网络通信主要由车与车通信(Vehicle to Vehicle，V2V)、车辆与基础设施通信(Vehicle to Infrastructure，V2I)和车与外界通信(Vehicle to Everything，V2X)组成。云平台通过响应实时请求来完成个体交通行为数据、交通信息网络交互和交通态势综合管控等。从数据流、控制流和大数据交互三方面来满足交通信息物理融合系统中多应用支持、拥塞控制、资源配置、快速移动、无缝覆盖和信息安全等需求。

“人—车—路—云”交互的数据流和控制流可以由具备计算和处理的交通终端要素实时采集和上传云平台，也可以将边缘计算汇聚的大数据通过5G/GNSS等网络通信直接上传云平台。云平台控制全域范围内综合交通系统的“人—车—路—云”各异构数据结点，通过网络通信进行泛在互联，在交通信息物理融合系统中构建支持协同控制的闭环交通通信链路。将实时网络通信、实时数据映射、实时协同交互和实时计算处理融为一体，实现交通信息物理系统响应的数据传输实时低时延与高并发请求，确保“人—车—路—云”网络数据交互在智能交通应用中满足无人驾驶控制的可用性与信息安全需求，最终实现网络通信与云平台的归一化。

5. CPS－T 综合调控

智能交通系统应用已经和城市建设发展融为一体。城市空间的物质流动和能量交换，均是交通工具与方式的协同变动。社会活动的整体与个体、全局与局部，均是交通要素的时空变迁。随着信息技术的感知，处理、传输、计算、融合和决策能力提高，智能交通系统将达到物理交通与数字交通的系统级数字孪生。两者构建的信息物理融合系统将实现交通虚实信息交互，共同完成决策、控制、管理功能。CPS－T 架构下的交通数据与人工智能是以交通云控数据为核心资源的证据决策分析与综合调控过程，这将有效提升交通战略、政策、规划、建设、管理和控制等各技术环节的效能，最终实现 CPS－T 数据池和态势管理的综合决策效果。

交通运输工具、交通运输方式、城市交通多模式、城市交通空间通过泛在网络通信实现智能交通实体之间的互联互通，通过大数据、云计算和人工智能技术对交通数据进行动态交互、信息挖掘和智能决策等关键技术处理，为车辆、驾驶人、管理者等交通参与者提供安全高效的信息服务。交通信息物理系统融合，本质上就是物理交通与数字交通的信息映射，极大程度地形成数据驱动的安全运行模式。未来的无人驾驶正是基于交通信息物理融合系统的事件检测、故障诊断、态势预测、安全评估、运维指挥和系统优化等环节的交通信息系统。更为复杂的综合交通应用，例如集飞机场、磁悬浮、高速铁路、地铁、长途汽车站、公交设施等于一体的国际综合交通枢纽、城市综合立体交通换乘枢纽，这仍然是基于交通信息物理融合系统的信息功能级联与嵌套。

以往的研究关注交通要素及其事件的感知。在发展交通信息物理融合系统及其应用中，需要考虑智能交通系统的开放、灵活和可扩展性等特点，将获取的交通原始数据在模型约束和数据精化后信息抽象成信息技术领域的高层表达。综合交通应用在信息物理融合理论方法和技术体系的构建下，将贯通交通微观基本单元、交通中观枢纽管控和交通宏观时空演变，在数据流和控制流的云处理下实现网络通信与云交互的协作与一体化。将交通事件监测、车辆故障诊断、流量预测评估、管控系统优化和安全运维等形成交通综合决策系统，提高交通信息推送和交通管理决策的精准度。

（二）智能交通系统在运输管理中的应用

1. 交通运输管理现状及主要问题

（1）交通运输管理效果不理想

由于当前我国人口众多，各区域人口密度差异较大，比如在东部发达地区等人口众多，发展水平较高的区域，其交通管理难度也相应较大。在早班、中班、晚班等交通高峰的时段，许多中、小型城市由于缺乏交通管理人员来引导现有交通，所以对超载、闯红灯、超速等不文明现象管理不及时、不到位。同时，我国大多数中小型城市中缺乏高质量、集成化的交通监管系统，对各交通密集地带的交通流无法做到及时且有效的协调，容易造成交通混乱的状况，给交通管理的执法工作带来困难。因此，由于交通管理其自身的管理压力，加之缺乏交通管理专业人员以及监控系统与设备等相关条件，多数中、小型城市的交通管理质量总体较低。

(2)交通运输管理效率较低

目前，在我国大型城市中普遍存在交通拥堵以及交通运输困难的问题，这导致交通管理的效率较低。通过采用设置红绿灯、安排道路交警执勤、道路监控设备等方式，可以基本完成对整个运输过程的管理工作。但是需要注意的是，在交通流量较大的道路上，仅仅通过交警对解决随时有可能发生的交通运输过程中各类突发安全事件来说是远远不够的。此外，在管理者中存在专业不足、经验缺乏、权限级别低等问题，造成了管理水平参差不齐、工作效率低等问题。

2.交通运输管理系统中智能交通的应用分析

(1)无线收费技术的应用

当前阶段下，无线收费技术已经在交通监控领域、过往车辆收费领域、停车收费领域以及道路交通管理领域等方面广泛应用。无线收费技术的主要工作原理是通过采用车辆识别卡和微波读取相结合的方式对过往车辆进行通行费用计算，并自动地从车主银行账户中扣除通行费。在进行此过程时，无须人工操作，只需通过车辆收费的系统采集车辆相关信息，再根据实际的路况，计算出收费金额。所以，计算机通信网络与无线收费技术的有机结合可以大幅度提高过往对车辆通行管理的效率和简化收费的程序，进而确保交通管理系统能够平稳、快速地运行。

(2)检测技术的应用

检测技术在交通运输管理系统中的运用包括两个方面：一是通过视频车辆检测仪可以对交通流量或特定交通事件进行检查。目前主流车辆检查器是在检查车辆中最为主要的一个环节，它的主要工作原理是：①把机械力检测线圈埋在道路上，然后通过开关接触点是否闭合，从而得知交通运输中车辆的运行情况。②运用超声波汽车检查器，这一项技术运用的根据是光的直线传播原理，通过它感知前方是否有车辆通过，但这种测量方法容易受到环境的影响。③视频车辆监测器也是交通运输管理中使用最多的检测方法。其原理主要是云运用了图像识别的技术、数字信号技术以及录制视频的技术，通过对车辆行驶图像的不断采集，比较不同图像的地域差异，完成当前城市道路交通的检查。不仅如此，还能通过对空气中的雨、雾、冰雹、雪等物质的检测，引导交通信号标识的发生改变，从而实现能够在极其糟糕的天气环境下对车辆在行驶过程中的交通管理；使用不同的环境检测技术来实现对驾驶环境的检测，驾驶员的酒精含量以及违章等方面的检查。酒精测量器、红灯监控器等可以用于检查驾驶员酒精含量和非法行为。

(3)人工智能技术的应用

将人工智能技术运用到交通系统中,建立复杂的数据处理系统,可以对道路环境、车辆行驶状况和行人进行有效的管理。目前,人工智能技术主要用在交通道路中车辆管理方面,人工智能技术运用神经网技术等有效地管理信号灯,减少重要路口的交通堵塞。引进智能交通系统,利用人工智能技术、网络通信技术、传感器技术、电子收费技术等,能够有效地提高交通运输过程中的管理水平,还能够促进在交通运输方面的稳定运行。

3.智能交通系统在交通运输管理中应用的意义

(1)有效提高交通运行效率

智能交通系统在交通管理中的应用促进了交通信息资源的共享和部署。相关研究显示,智能交通系统的合理应用不仅可以减少油耗,还可以缓解交通拥挤程度。一旦道路畅通无阻,不仅方便人们出行,也能改变和提高人们的精神面貌。

GPS在智能交通系统中有机地结合了卫星定位技术、智能识别技术、网络技术等多种现代信息技术,实现了汽车的多方面、多方位的感知。如汽车的燃料含量、超重量、选择的行驶路线等方面,根据协议内容,可以对车辆进行全面监控。将各系统和信息数据互相交换,以便于对汽车进行管理、监视和定位,GPS在智能交通系统中的耗油管理系统具有一定的应用价值。从发动机上直接获得的数据是通过高压轨道原理进行实现的,避免意外发生。当发生卖油或偷油等情况时,该系统会使车主随时查询耗油量并能够统计起来,方便车主对车的管理。

(2)缓解运输管理的负担

城市道路拥堵问题的日益突出对城市发展造成了一定的影响,将现代信息技术的发展应用于交通运输管理中,能够对交通堵塞现象进行有效缓解。可以给人们在出行方式的选择上带来很大的便利,充分整合现代信息发展模式,不断通过信息化手段提高交通运输能力,培养交通信息化的专业人才,逐渐向智能化交通方向上发展。

参考文献

[1]董洁. 计算机信息安全与人工智能应用研究[M]. 北京:中国原子能出版传媒有限公司，2022.

[2]刘刚,张杲峰,周庆国. 人工智能导论[M]. 北京:北京邮电大学出版社，2020.

[3]赵学军,武岳,刘振晗. 计算机技术与人工智能基础[M]. 北京:北京邮电大学出版社，2020.

[4]周才健,王硕苹,周苏. 人工智能基础与实践[M]. 北京:中国铁道出版社，2021.

[5]周苏,张泳. 人工智能导论[M]. 北京:机械工业出版社，2020.

[6]杨忠明. 人工智能应用导论[M]. 西安:西安电子科技大学出版社，2019.

[7]郭毅可. 人工智能与未来社会发展[M]. 北京:科学技术文献出版社，2020.

[8]潘银松,颜烨,高瑜. 计算机导论[M]. 重庆:重庆大学出版社，2020.

[9]王志良. 机器智能 人工心理[M]. 北京:机械工业出版社，2017.

[10]李林. 智慧城市大数据与人工智能[M]. 南京:东南大学出版社，2020.

[11]李俊,周凡. 大学计算机信息技术[M]. 镇江:江苏大学出版社，2018.

[12]齐慧颖. 医学信息资源智能管理[M]. 武汉:湖北科学技术出版社，2019.

[13]徐龙章. 智慧城市建设与实践[M]. 北京:中国铁道出版社，2018.

[14]刘音,王志海. 计算机应用基础[M]. 北京:北京邮电大学出版社，2020.

[15]汪宏伟. 计算机应用基础及信息安全素养[M]. 南京:河海大学出版社，2018.

[16]刘业峰,赵元. 智能工厂技术基础[M]. 北京:北京理工大学出版社，2020.

[17]刘挺,陈劲舟,徐剑. 计算机导论[M]. 哈尔滨:哈尔滨工程大学出版社，2019.

[18]邓瑞新,王虹,许道云. 大学计算机[M]. 贵阳:贵州大学出版社，2019.

[19]张文祥,张强华. 计算机应用基础[M]. 北京:中国铁道出版社，2018.

[20]张万民. 计算机导论 [M]. 2 版. 北京:北京理工大学出版社，2020.

[21]莫照,肖赛男. 大学计算机[M]. 北京:北京邮电大学出版社，2018.

[22]李长彬,李贤阳,农国才. 大学计算机[M]. 北京:北京邮电大学出版社，2018.

[23]郝兴伟. 大学计算机 计算机应用的视角[M]. 济南:山东大学出版社，2018.

[24]戴晶晶,胡成松. 大学计算机基础[M]. 成都:电子科技大学出版社，2020.

[25]柴欣. 大学计算机基础教程[M]. 北京:中国铁道出版社，2020.

[26]蒋加伏,沈岳. 大学计算机[M]. 北京:北京邮电大学出版社，2017.

[27]张万民,王振友. 计算机导论[M]. 北京:北京理工大学出版社，2016.

[28]唐铸文. 计算思维与计算机应用基础[M]. 武汉:华中科技大学出版社, 2019.
[29]李伟. 音频音乐与计算机的交融 音频音乐技术[M]. 上海:复旦大学出版社, 2020.
[30]杨东慧,高璐. 大学计算机应用基础 Windows10+Office 2016 [M]. 上海:上海交通大学出版社, 2018.
[31]刘永山. 计算机(软件)工程导论[M]. 秦皇岛:燕山大学出版社, 2020.
[32]朱扬清,罗平,霍颖瑜. 计算机技术及创新案例[M]. 北京:中国铁道出版社, 2015.
[33]明勇. 计算机仿真技术研究[M]. 长春:吉林大学出版社, 2017.
[34]高志强,鲁晓阳,张荣荣. 边缘智能关键技术与落地实践[M]. 北京:中国铁道出版社, 2021.
[35]张晓芳,王志海,张磊. 大学计算机基础[M]. 北京:北京邮电大学出版社, 2017.
[36]姜磊. 大学计算机基础与计算思维[M]. 湘潭:湘潭大学出版社, 2018.